저자 **김 준 석**

- 고려대학교 수학교육과 졸업(1995년, 이학학사)
- 서울대학교 수학과 대학원 졸업(1997년, 이학석사)
- University of Minnesota 수학과 대학원 졸업(2002년, 이학박사: 응용수학, Computational Fluid Dynamics, 과학계산 전공)
- University of California, Irvine 수학과(2002년-2006년, 박사후연구원)
- 동국대학교 수학과(2006년-2007년, 조교수)
- 고려대학교 수학과(2008년-현재, 교수)
- 다양한 주제를 바탕으로 교육 및 연구 프로젝트를 수행하고 다수의 논문과 저서를 공동연구자들과 같이 발표

cfdkim@korea.ac.kr
http://math.korea.ac.kr/~cfdkim

# 코딩수학 9
# 스트링 아트

**초판인쇄** 2020년 1월 1일
**초판발행** 2020년 1월 1일

**지은이** 김준석, 김상권, 이채영
**펴낸곳** 이모션미디어
**주 소** 서울시 중구 퇴계로 213 일흥빌딩 408호
**등 록** 2016년 10월 1일 제571-92-00230호
**전 화** 02)381-0706 | **팩스** 02)371-0706
**이메일** emotion-books@naver.com
**홈페이지** www.emotionbooks.co.kr

ISBN 979-11-89876-20-3
    979-11-88145-12-6
값 15,000원

이 도서의 국립중앙도서관 출판예정도서목록(CIP)은 서지정보유통지원시스템 홈페이지(http://seoji.nl.go.kr)와 국가자료공동목록시스템(http://www.nl.go.kr/kolisnet)에서 이용하실 수 있습니다. (CIP제어번호 : CIP2019050529)

이 책은 저작권법으로 보호받는 저작물입니다.
이 책의 내용을 전부 또는 일부를 무단으로 전재하거나 복제할 수 없습니다.
파본이나 잘못된 책은 바꿔드립니다.

## 머리말

스트링아트(String art)는 선분만을 이용해서 다양한 아름다운 기하모양을 만든다. 못과 실을 사용하지 않고 컴퓨터 코딩으로 스트링아트를 해보자.

**키워드** : 선분, 스트링아트, 컴퓨터 아트

# 차 례
Contents

**Chapter 1**
스트링아트 기초   5
스트링아트   7
간단한 스트링 아트를 직접 그려보자   8

**Chapter 2**
옥타브 설치 및 시작 방법   11
프로그램을 다운받아보자   13
프로그램을 설치해보자   17
이 책에서 사용하는 옥타브 문법   32

**Chapter 3**
옥타브를 이용하여 스트링아트를 해보자   63
스트링 아트 기본 플롯   65
회전 행렬   68
간단한 스트링 아트   72
스트링아트 정삼각형   78
스트링아트 정육각형   82
스트링아트 심장형(하트)   89
스트링아트 꽃   92
스트링아트 일엽쌍곡면   97
스트링아트 큐브   102
스트링아트 줄리앙 뎃생   107
참고 문헌   111

목표: 컴퓨터 코딩을 이용해서 스트링아트를 해보자.

프로그램의 특성상 업그레이드될 경우에는 프로그램 설치 및 명령문이 업데이트되거나 변경될 경우도 있습니다. 업데이트 정보나 이 책에 사용한 프로그램 코드를 다운로드하기를 원하실 때는 코딩수학 홈페이지(http://elie.korea.ac.kr/~cfdkim/)를 방문하세요.

책 내용에 대해서 질문이나 조언이 있는 경우 이메일(cfdkim@korea.ac.kr)로 문의해주시면 감사하겠습니다.

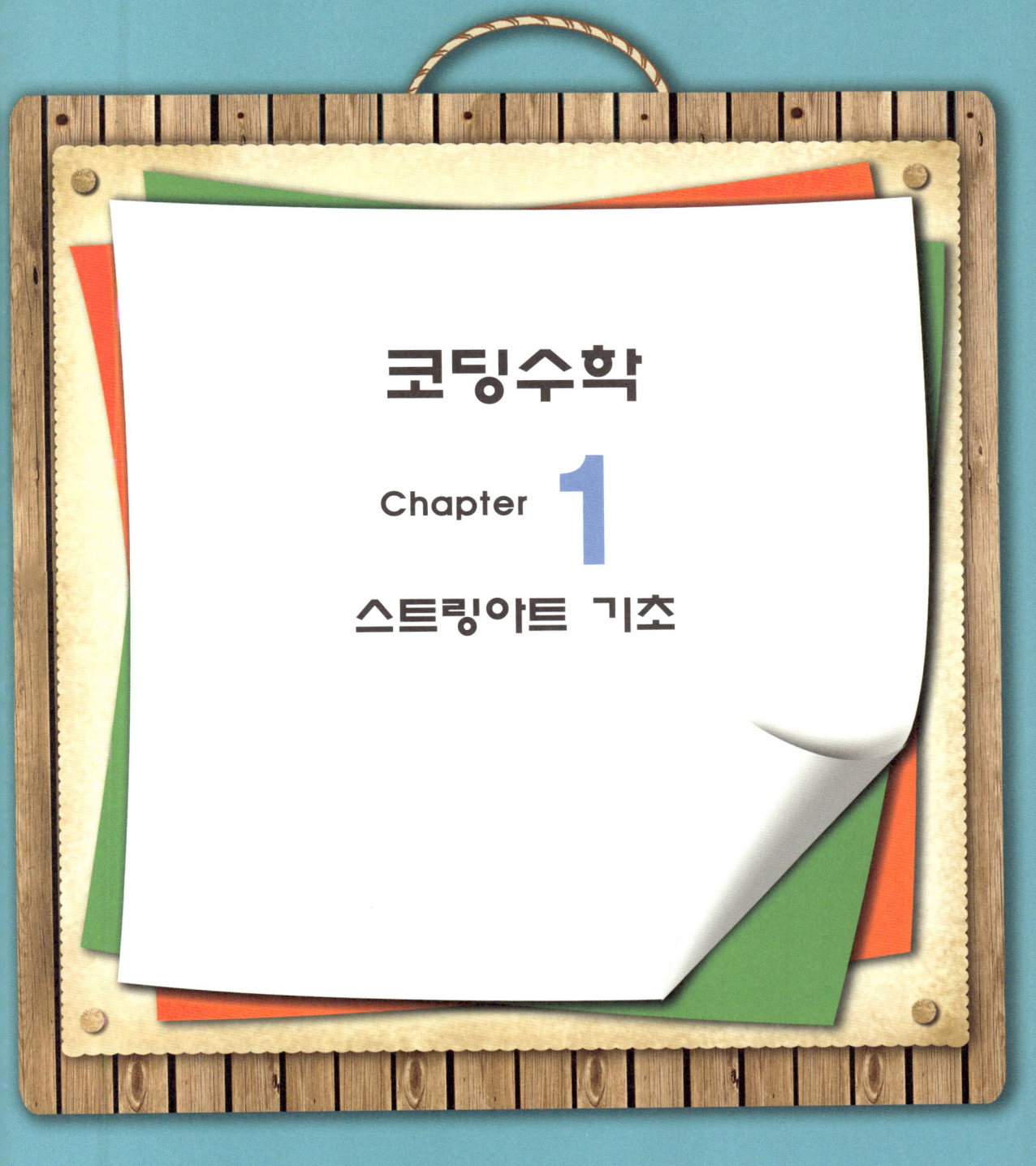

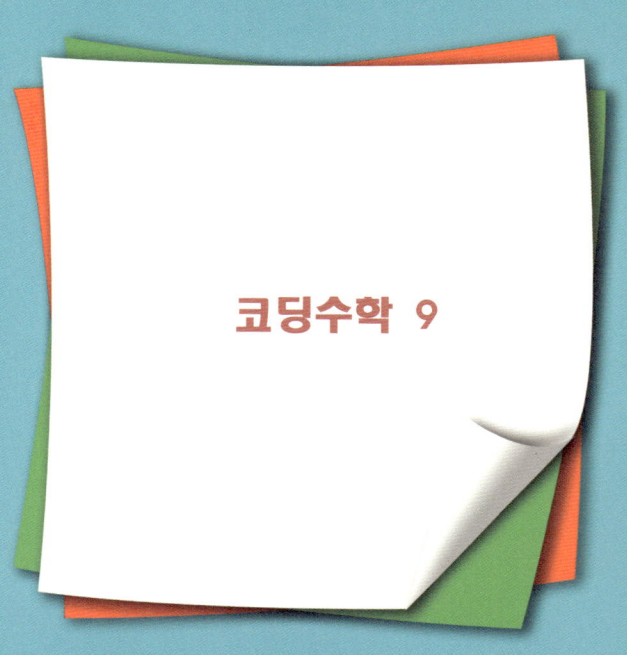

코딩수학 9

# 스트링아트 (String Art) (위키백과)

스트링아트는 선분만을 이용하여 다양한 곡선을 포함한 기하학적 패턴을 만들어 낸다. 스트링아트는 19 세기 말에 Mary Everest Boole이 수학적 아이디어를 어린이들이 보다 쉽게 이용할 수 있도록 해주기 위해서 시작했다. 스트링아트는 키트와 서적을 통해 1960 년대 후반 장식용 공예품으로 세계적으로 널리 보급되었다.

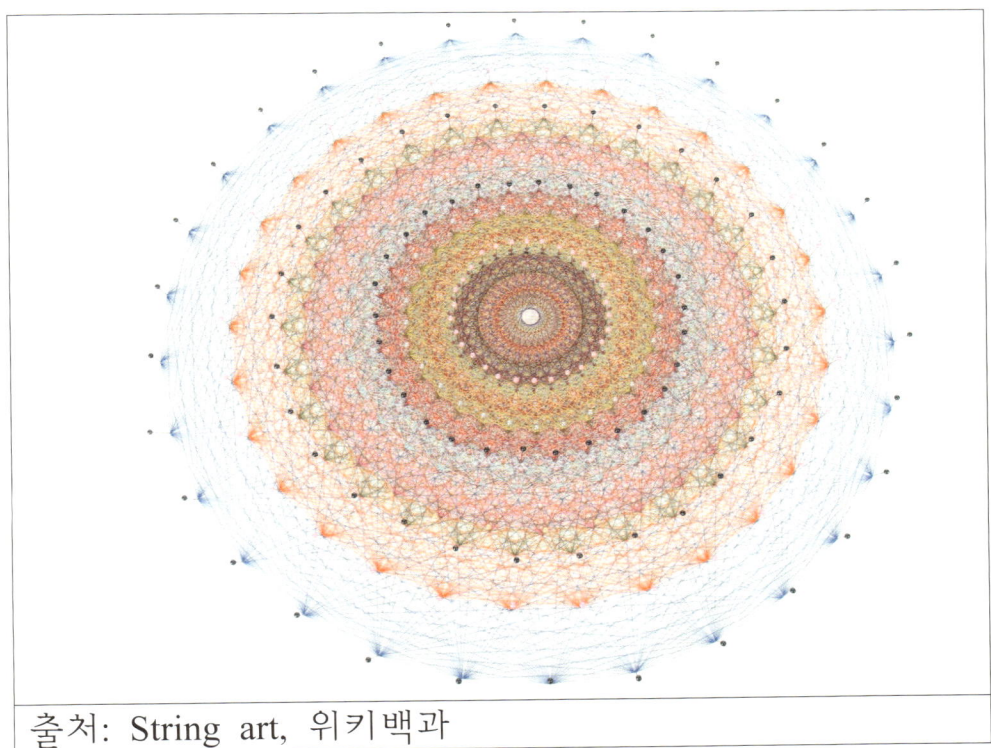

출처: String art, 위키백과

8    코딩수학 9 스트링아트

## 간단한 스트링 아트를 직접 그려보자.

아래 그림에서 같은 수끼리 선분으로 연결을 하자.

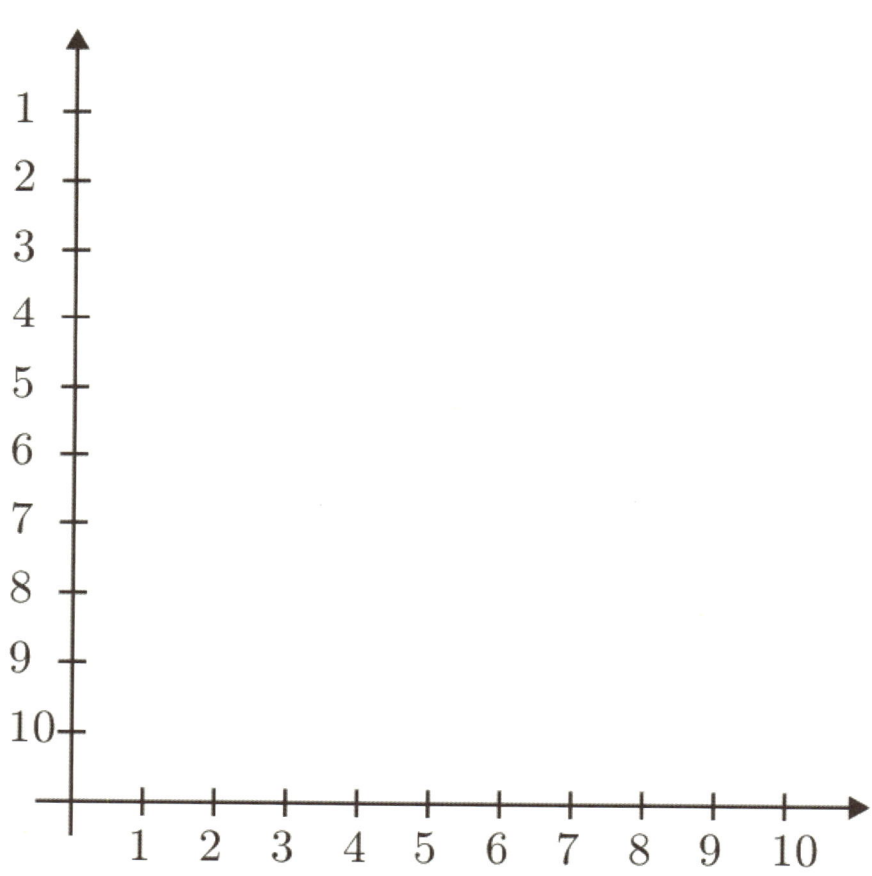

아래 그림에서 같은 수끼리 선분으로 연결을 하자.

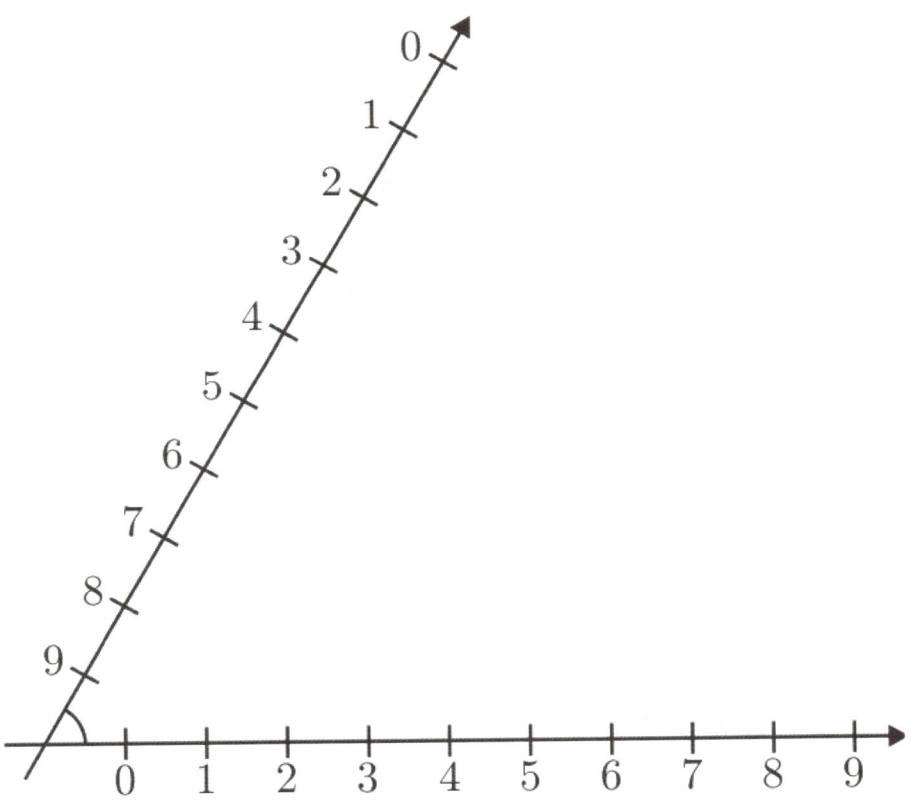

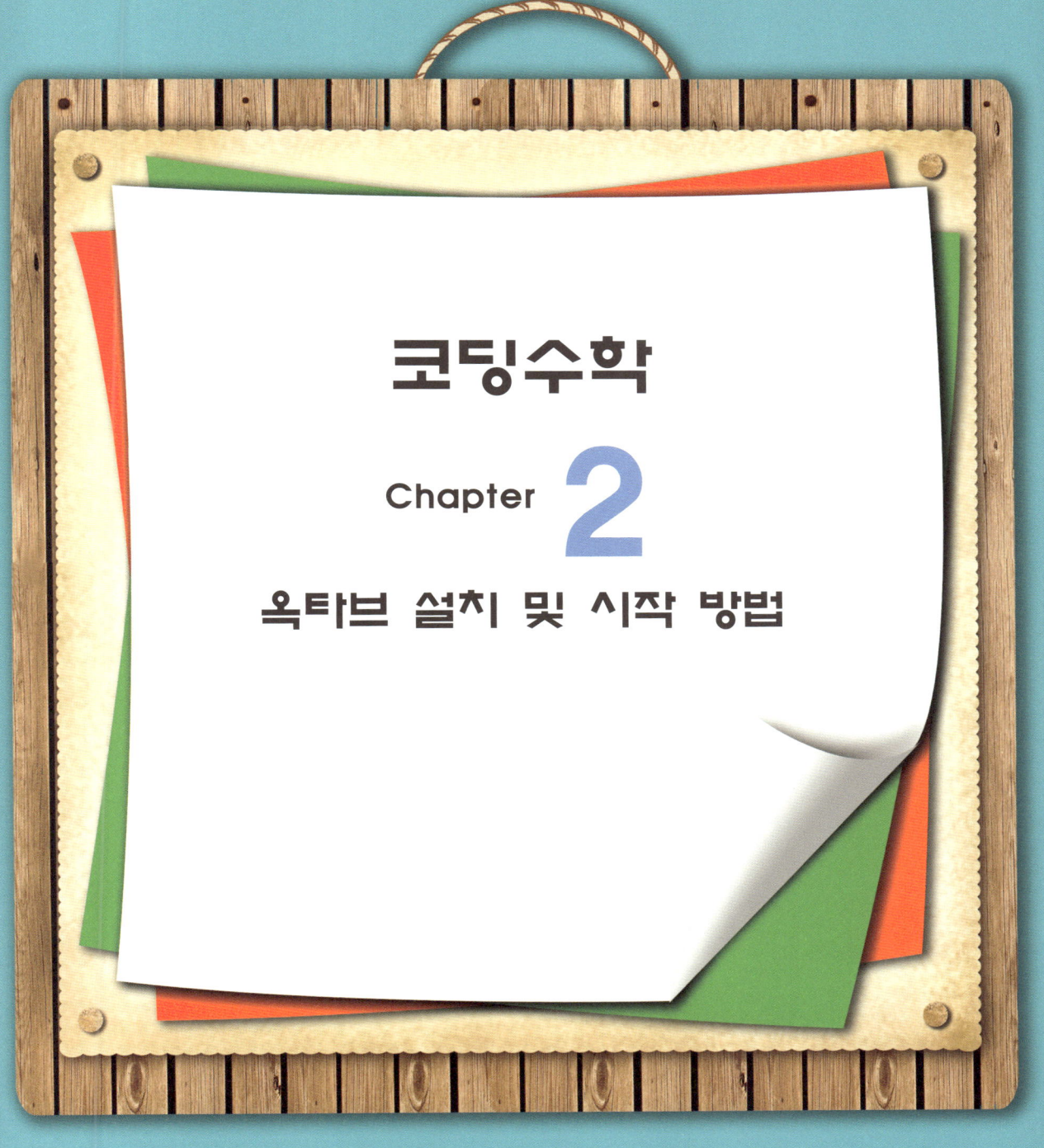

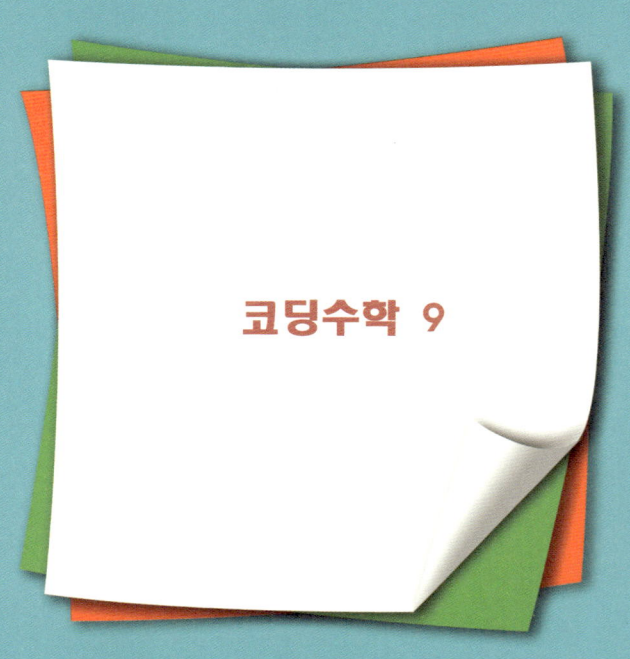

코딩수학 9

## 프로그램을 다운로드 해보자

1. 프로그램 다운로드

1.1 하단의 옥타브(Octave) 홈페이지에
https://www.gnu.org/software/octave/
접속하여 Download 버튼을 클릭한다.

1.2 Download를 클릭하면 기본 화면이 GNU/Linux로 세팅이
되어있을 것이다.

## Install

| Source | **GNU/Linux** | macOS | BSD | Windows |

Executable versions of GNU Octave for GNU/Linux systems are provided by the individual distributions. Distributions known to package Octave include Debian, Ubuntu, Fedora, Gentoo, and openSUSE. These packages are created by volunteers. The delay between an Octave source release and the availability of a package for a particular GNU/Linux distribution varies.

1.3 본인의 PC에 맞는 운영체제를 선택한다. 윈도우즈의 경우 Windows 버튼을 클릭하면 다음 화면이 나온다.

## Install

| Source | GNU/Linux | macOS | BSD | **Windows** |

> **Note:** All installers below bundle several **Octave Forge packages** so they don't have to be installed separately. After installation type `pkg list` to list them. Read more.

- Windows-64 (recommended)
    - octave-5.1.0-w64-installer.exe (~ 286 MB) [signature]
    - octave-5.1.0-w64.7z (~ 279 MB) [signature]
    - octave-5.1.0-w64.zip (~ 490 MB) [signature]

- Windows-32 (old computers)

    - octave-5.1.0-w32-installer.exe (~ 275 MB) [signature]
    - octave-5.1.0-w32.7z (~ 258 MB) [signature]
    - octave-5.1.0-w32.zip (~ 447 MB) [signature]

- Windows-64 (64-bit linear algebra for large data)
  Unless your computer has more than ~32GB of memory **and** you need to solve linear algebra problems with arrays containing more than ~2 billion elements, this version will offer no advantage over the recommended Windows-64 version above.

    - octave-5.1.0-w64-64-installer.exe (~ 286 MB) [signature]
    - octave-5.1.0-w64-64.7z (~ 279 MB) [signature]
    - octave-5.1.0-w64-64.zip (~ 490 MB) [signature]

1.4 최신 버전의 "파일 이름.exe"로 된 파일을 선택해서 다운로드한다. 이때, PC가 32비트인지 64비트인지 확인해서 컴퓨터가 32비트이면 *w32*가 있는 파일을 다운로드하고 64비트이면 *w64*가 있는 파일을 다운로드한다. 이 책의 경우 "octave-5.1.0-w64-installer.exe"를 다운로드해 사용했다. 만약, 독자의 컴퓨터가 32비트 시스템이라면, "octave-5.1.0-w32-installer.exe"를 다운로드해서 사용하자.

* 내 컴퓨터가 32비트인지 64비트인지 확인하는 방법

    내 컴퓨터 아이콘  위에 커서를 두고, 마우스 오른쪽을 클릭하여 속성으로 들어가면 시스템 종류를 확인할 수 있다.

16    코딩수학 9 스트링아트

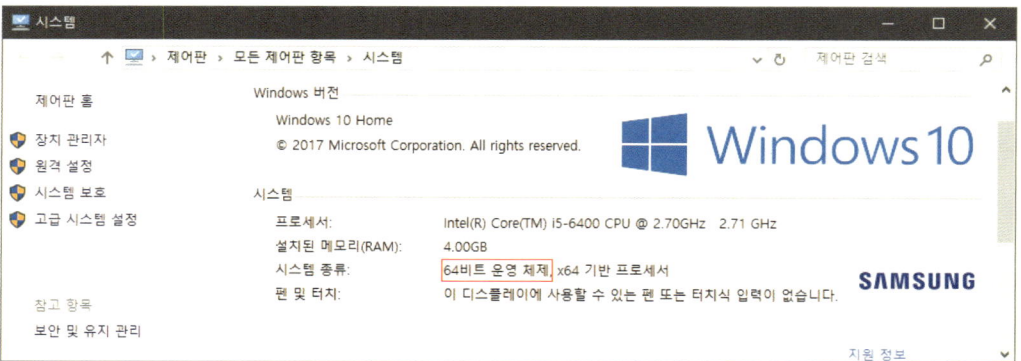

## 프로그램을 설치해보자

2. 설치

2.1. 다운로드한 파일
("octave-5.1.0-w64-installer.exe")을 더블클릭하여
실행한다.

2.2. 프로그램 설치가 컴퓨터의 운영시스템을 완전히 테스트 하지
않았다는 경고 메시지이다. '예(Y)'를 클릭하여 다음 단계로
넘어가자.

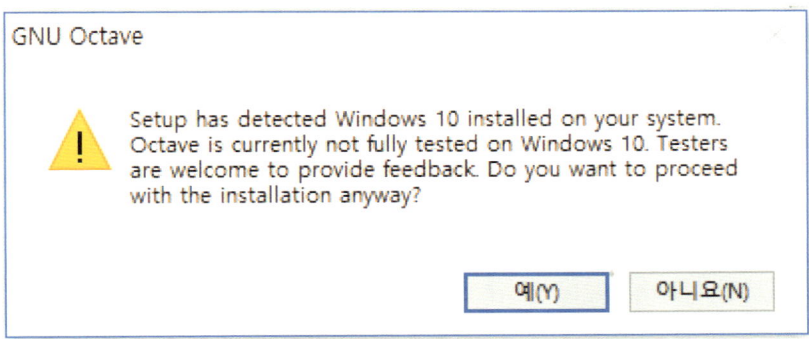

다음 경고 메시지는 Java Runtime Environment가 기존에 설치되지 않았다는 것이다. '예(Y)'를 클릭하여 다음 단계로 넘어가자.

2.3 이제 본격적으로 Octave 설치가 된다. 'Next >'를 클릭하여 다음 단계로 넘어가자.

2.4 프로그램 라이센스에 관한 내용이다. 'Next >'를 클릭하여 다음 단계로 넘어가자.

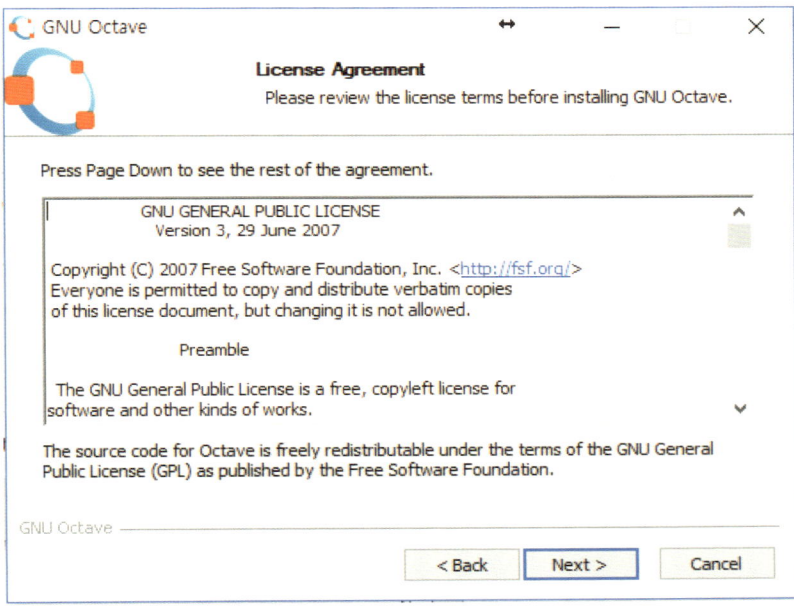

2.5 프로그램 설치에 관한 옵션 선택이다. 기본 값으로 두고, 'Next >'를 클릭하여 다음 단계로 넘어가자.

2.6 프로그램 설치 위치를 정하는 창이다. 기본 설정으로 두고 'Install'을 클릭하여 설치하자.

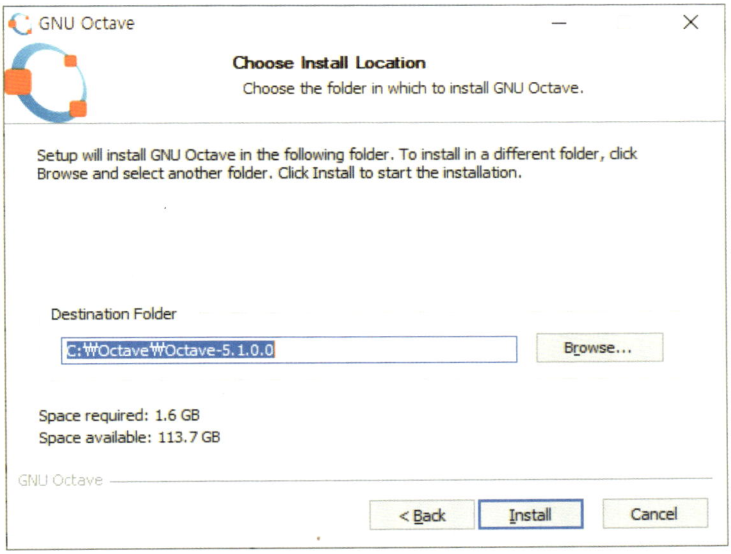

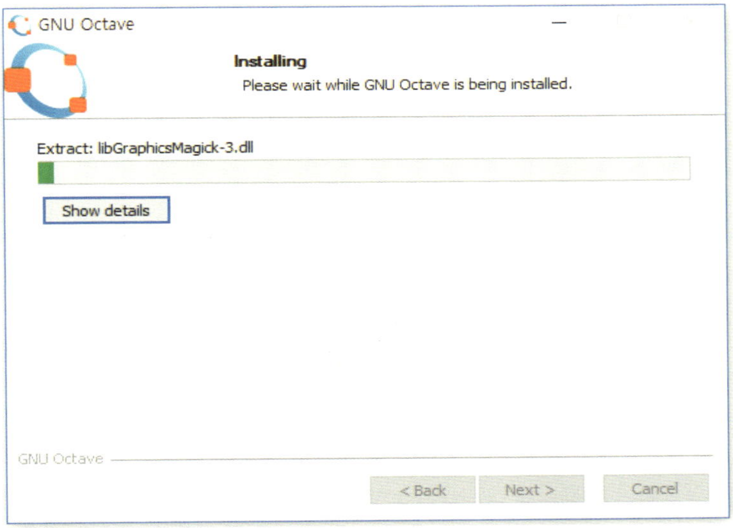

2.7 다음과 같은 화면이 나올 경우, 정상적으로 설치가 완료된 것이다. 'Finish'를 클릭하여 설치를 종료하자.

2.8 초기 설정

프로그램 설치를 마치면 Octave 프로그램이 실행되지만 종료하고 다시 시작하자. 바탕화면을 보면 다음과 같은 Octave GUI 아이콘이 있다. 더블클릭하여 프로그램을 실행하자.

초기 설정은 최초에 한 번만 실행하게 된다. 'Next >'를 클릭하여 다음 단계로 넘어가자.

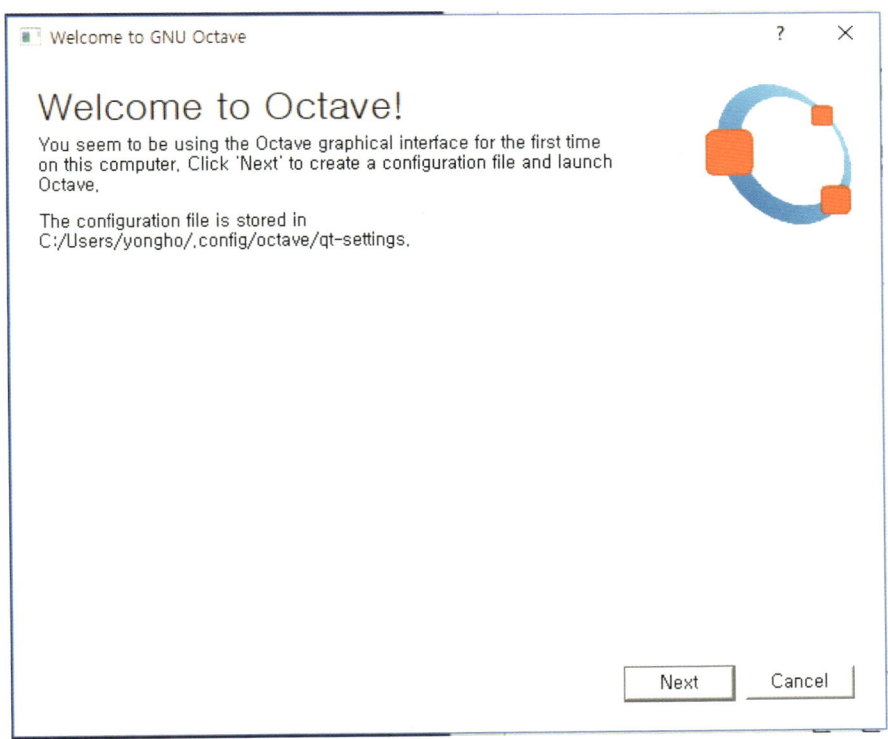

'Next >'를 클릭하여 다음 단계로 넘어가자.

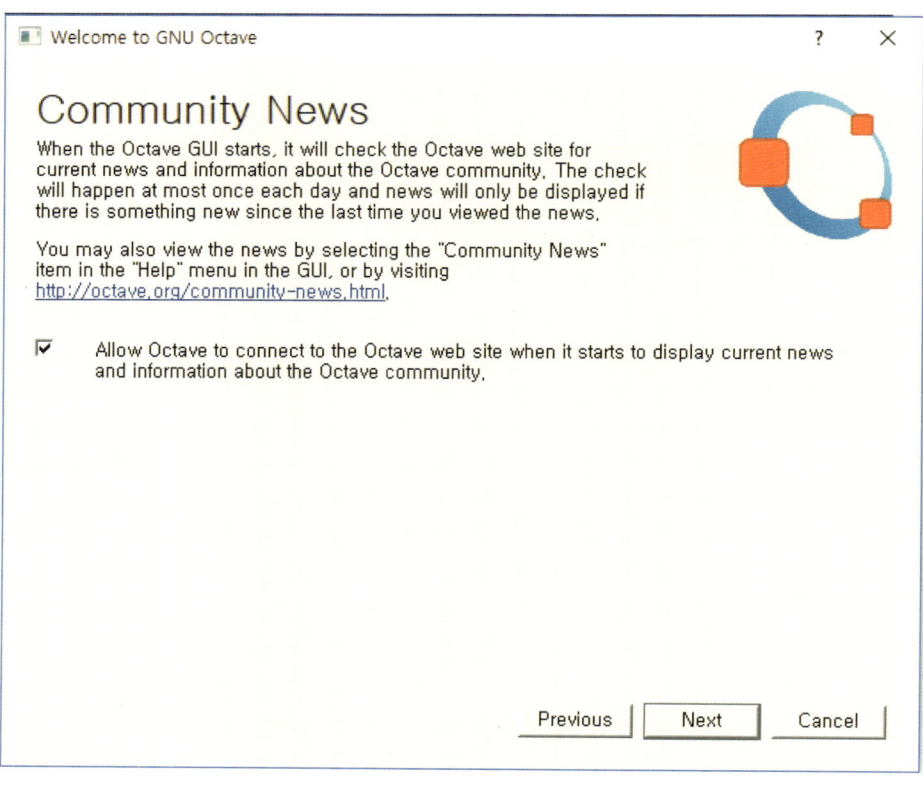

'Finish'를 클릭하여 기본 설정을 완료한다.

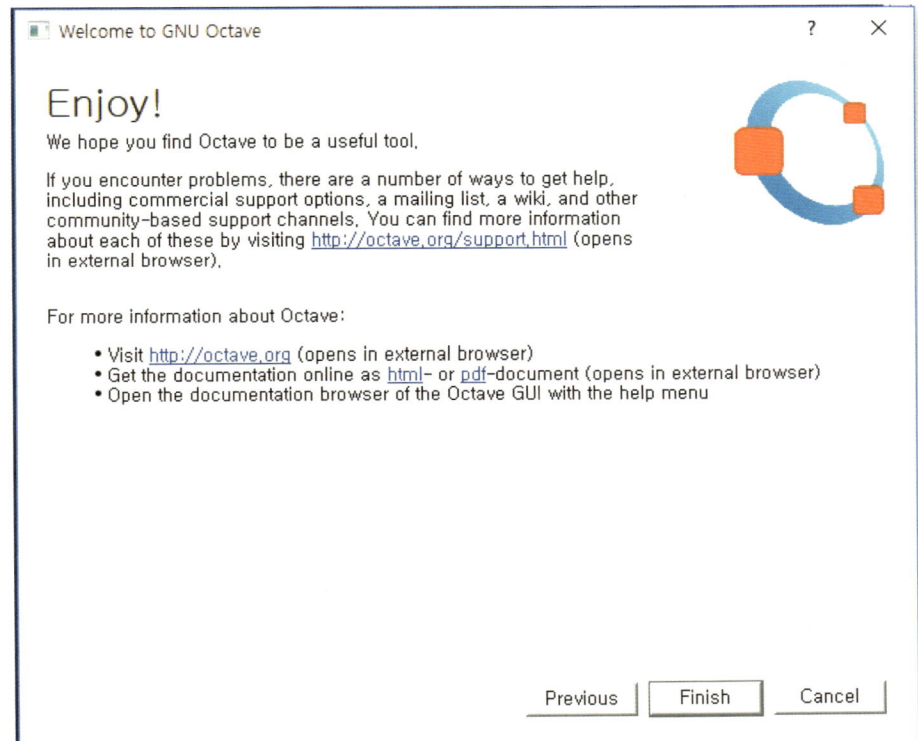

Octave 프로그램을 실행하면 다음 그림과 같은 화면이 나올 것이다.

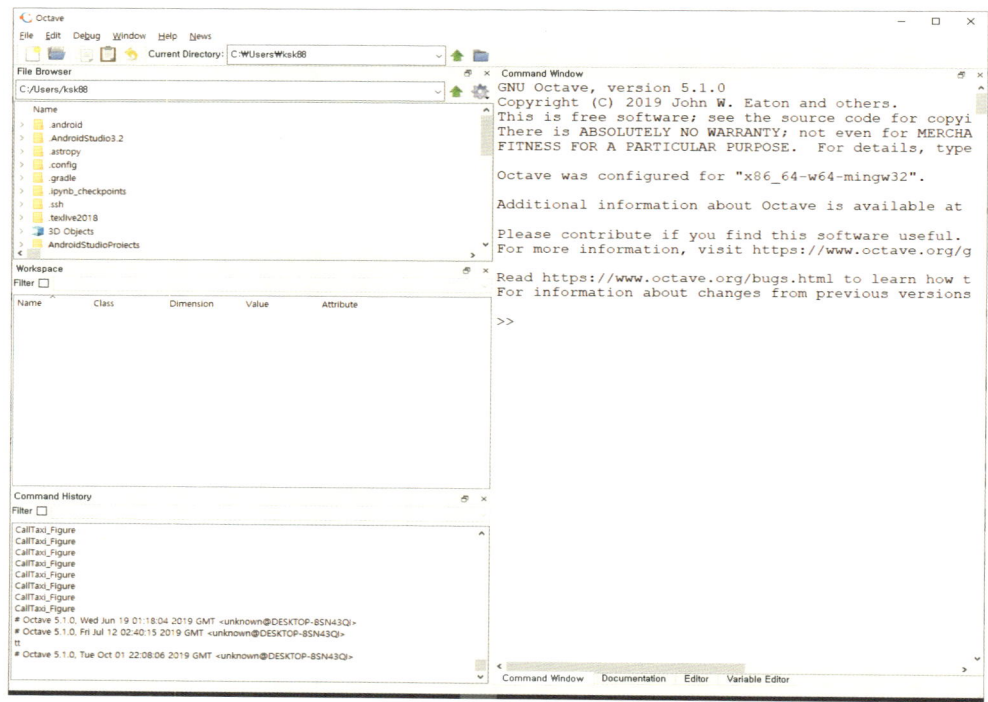

현재 화면을 Command Window(명령문 창)라고 한다. 이 창에는 간단한 명령어를 입력하여 실행할 수 있다.

## 2.9 간단한 명령어 실행하기(command window)

아래 그림과 같이, 3+5를 입력하고 Enter 키를 누르면 ans = 8 이라는 결과를 얻는다. 한 번 따라 해 보자.

하지만, 여러 명령문을 동시에 실행하고 싶다면, 'Editor'를 이용하자. 프로그램 하단 메뉴 바에 두 번째 'Editor' 탭을 클릭해보자.

## 2.10 m-file 생성 및 실행(editor)

Editor 창에서 3+5를 입력하고 버튼 를 클릭하면

파일을 다른 이름으로 저장하라는 메시지가 나온다. 이때 꼭 파일 이름은 영문자로 시작하고 파일 확장자는 ".m"으로 정한다. 예를 들면, "test.m"처럼 저장되어야 한다.

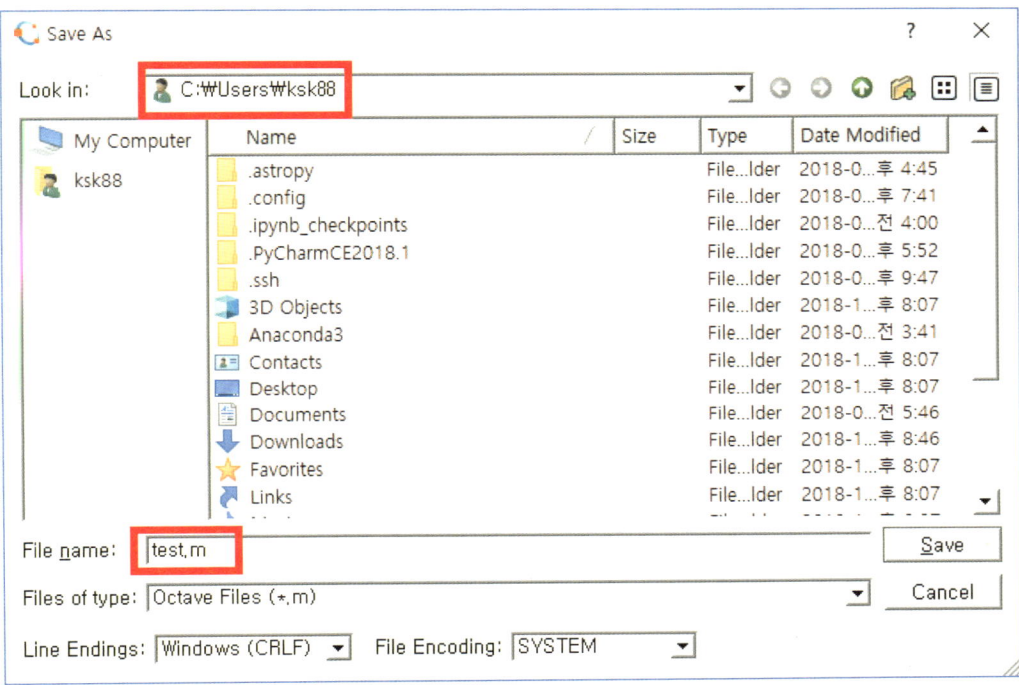

아래와 같은 창이 뜨면 'Change Directory'를 클릭한다.

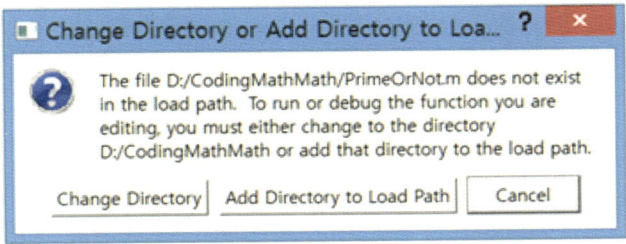

이제 결과를 명령문 창(Command Window)에서 확인해 보면 다음과 같을 것이다.

```
Command Window
FITNESS FOR A PARTICULAR PURPOSE.  For deta

Octave was configured for "x86_64-w64-mingw

Additional information about Octave is avai

Please contribute if you find this software
For more information, visit https://www.oct

Read https://www.octave.org/bugs.html to le
For information about changes from previous

warning: function .\test.m shadows a core l
>> 3+5
ans =  8
>> test

ans =  8
>>
```

## [참고 사항]

* 현재 스크립트 작성 파일 경로에 한글 폴더명은 사용할 수 없다. 옥타브는 한글을 인식하지 못해 경로에 한글이 있으면 스크립트를 실행할 수 없다.
* error: 'm-file name' undefined near line 1 column 1 이러한 유형의 에러가 발생하여, 프로그램이 실행이 안 될 때 명령문 창에 다음을 입력하고 'Enter' 키를 누른다.

   <code>addpath(pwd)</code>

   이것은 현재 폴더를 프로그램 실행 경로로 포함한다는 명령어이다.
* 모르는 error가 발생하면 옥타브를 종료하고 옥타브 프로그램을 다시 시작한다.
* 프로그램 실행 중 강제 종료를 하고 싶을 때에는 명령문창을 마우스로 클릭한 후에 Ctrl 키를 먼저 누른 상태에서 C 키를 누른다.
* 코딩할 때 프로그램 코드를 하나하나 직접 입력해서 실행하는 것은 매우 중요한 과정이다. 때로는 오타로 인해 프로그램 오류가 날 수도 있지만 오류를 찾으면서, 프로그램 기술을 많이 배우는 기회를 얻게 될 것이다.

## 이 책에서 사용하는 옥타브 문법

clear

선언된 모든 변수를 삭제하고자 할 때, 'clear'을 사용하여 모든 변수를 삭제한다.

코드명: Clear.m

```
a=1
clear
a
```

코드설명

```
a=1
%  임의의 변수 선언 및 출력
clear
%  모든 변수 삭제
a
%  변수 a에 할당 된 데이터 출력. 변수 a가 선언 되어있지 않으면 경고 메시지 'error: 'a' undefined' 가 표시됨
```

**명령문 창 결과**

```
>> Clear
a = 1
error: 'a' undefined near line 3 column 1
error: called from
    Clear at line 3 column 1
```

clf

Figure 창에 그려진 그래프를 모두 지우고자 할 때, 'clf'를 명령문 창에 입력한다.

**코드명: Clf.m**

```
x=linspace(0,2*pi);
y=sin(x);
plot(x,y)
clf
```

**코드설명**

```
x=linspace(0,2*pi);
%  임의의 벡터 선언
y=sin(x);
```

```
%   변수 y에 sin(x)를 할당
plot(x,y)
%   벡터 x에 대한 벡터 y를 Figure1 창에 그리기
clf
% Figure1 창에 그려진 그래프를 모두 지움
```

**결과**

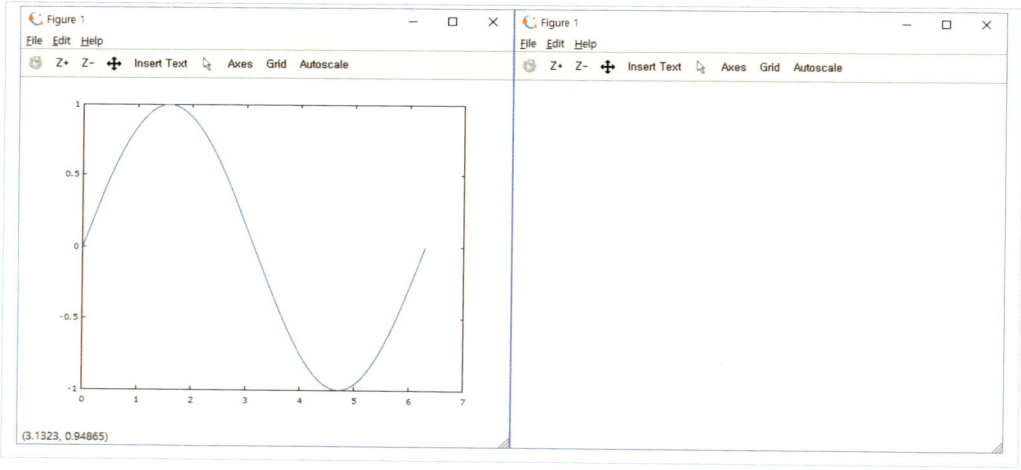

### 주석 %

Editor 창에서 프로그래밍을 할 때 간단히 메모를 해두고자 할 때, 메모의 앞에 '%'를 붙이면 코드를 실행하였을 때 주석('% 메모내용')은 어떠한 영향을 주지 않는다. 단, 주석은 한 줄 단위로 인식한다.

### 코드명: Comment.m

```
a=1
%b=2
c=3
```

### 코드설명

```
a=1
% 임의의 변수 선언 및 출력
%b=2
% 주석, 코드 진행에 어떠한 영향을 주지 않음.
c=3
% 임의의 변수 선언 및 출력
```

### 결과

```
>> Comment
a =  1
c =  3
```

### 참고 사항 1

옥타브를 이용하다 보면 내장 함수들의 사용법과 옵션 대해 알고 싶을 때, 명령문 창에 다음과 같이 입력하면 알 수 있다.
- 간단한 설명 : help 명령어
- 자세한 설명 : doc 명령어

### 참고 사항 2

```
i =    28
i =    29
-- less --  (f)orward, (b)ack, (q)uit
```

옥타브를 이용하여 코딩을 하다 보면 명령 창(Command Window)에 위와 같이 나타날 때가 있다. 이 현상은 명령 창에 현재 출력 된 결과 이후에 더 출력할 것인지(forward) 혹은 이전에 출력된 결과로 돌아갈 것인지(back) 그렇지 않고 출력을 멈출 것인지(quit)에 대한 알림이다. 이런 현상이 나타났을 때에는 다른 추가 작업을 하지 않고 이 현상을 먼저 해결해주어야 한다. 해결 방법은 괄호 안에 철자를 명령 창에 입력하면 된다.

### 코드명: Variable.m

```
a=1
b=0.5;
```

### 코드설명

```
a=1
% 변수 a에 1을 할당 및 출력(명령어 끝에 세미콜론(;)을 입력하지 않으면 명령 창에 출력이 된다.)
b=0.5;
% 변수 b에 0.5를 할당
```

### 명령문 창 결과

```
>> Variable
a =  1
```

### 코드명: Vector.m

```
a = [1 2 3]
b = [1;2;3]
```

### 코드설명

```
a = [1 2 3]
%  변수 a에 1×3 벡터 [1 2 3]를 할당
b = [1;2;3]
%  변수 b에 3×1 벡터 $\begin{bmatrix}1\\2\\3\end{bmatrix}$를 할당
```

### 명령문 창 결과

```
>> Vector
a =
    1    2    3
b =
    1
    2
    3
```

### 코드명: Ones.m

```
n=2; m=3;
ones(n,m)
```

### 코드설명

```
%  모든 원소가 '1'인 (n×m)행렬 반환하는 명령어
n=2; m=3;
%  행렬의 크기(행, 열의 개수)를 선언
ones(n,m)
%  모든 원소가 '1'인 (2×3)행렬 출력
```

### 명령문 창 결과

```
>> Ones
ans =
    1   1   1
    1   1   1
```

### 코드명: Zeros.m

```
n=2; m=3;
zeros(n,m)
```

### 코드설명

```
%  모든 원소가 '0'인 (n×m)행렬 반환하는 명령어
n=2; m=3;
```

% 행렬의 크기(행, 열의 개수)를 선언
zeros(n,m)
% 모든 원소가 '0'인 (2×3)행렬 출력

### 명령문 창 결과

```
>> Zeros
ans =
    0   0   0
    0   0   0
```

### 코드명: Colon.m

```
x1=1;x2=6
x1:x2
d=2;
x1:d:x2
```

### 코드설명

% x1을 포함하여 증분값 d를 사용하여 균일한 간격의 행벡터를 반환. 즉, [x1 x1+d x1+2d ... xr], (x2-d<xr ≤x2)

```
x1=1;x2=6;
%  구간의 양 끝점을 선언
x1:x2
%  증분값 1을 사용하여 x1을 포함한 균일한 간격의 행 벡터 출력. x2를 포함하지 않을 수도 있음
d=2;
%  증분값 d를 2로 할당
x1:d:x2
%  증분값 2를 사용하여 x1을 포함한 균일한 간격의 행 벡터 출력. x2를 포함하지 않을 수도 있음
```

### 명령문 창 결과

```
>> Colon
ans =
   1   2   3   4   5   6
ans =
   1   3   5
```

### 코드명: Linspace.m

```
x1=1;x2=5;
n=5;
```

```
linspace(x1,x2,n)
```

### 코드설명

% x1과 x2 사이에서 균일한 간격의 점 n개로 구성된 행벡터를 반환한다. 즉, 점 사이의 간격은 $\dfrac{x2-x1}{n-1}$ 이다.

- 'linspace'는 콜론연산자( ':' )와 유사하지만 점 개수를 제어할 수 있으며, 항상 끝점을 포함한다.

```
x1=1;x2=5;
```
% 구간의 양 끝점을 선언
```
n=5;
```
% 점 개수를 선언
```
linspace(x1,x2,n)
```
% 구간 [x1,x2]의 양 끝점을 포함하는 균일한 간격의 점 n개로 구성된 행벡터 출력

### 명령문 창 결과

```
>> Linspace
ans =
     1     2     3     4     5
```

코드명: Arithmetic_operator.m

```
a=2; b=3;
Addition=a+b
Subtraction=a-b
Multiplication=a*b
Power=a^b
Division=a/b
```

코드설명

```
a=2; b=3;
%  임의의 변수 선언
Addition=a+b
%  덧셈 연산
Subtraction=a-b
%  뺄셈 연산
Multiplication=a*b
%  곱셈 연산
Power=a^b
%  거듭제곱 연산
Division=a/b
%  나눗셈 연산
```

### 명령문 창 결과

```
>> Arithmetic_operation
Addition =   5
Subtraction =  -1
Multiplication =   6
Power =   8
Division =   0.66667
```

### 코드명: Cos.m

```
angle=linspace(0,2*pi,5);
cos(angle)
```

### 코드설명

```
% 삼각함수 cos 값을 계산하는 명령어
angle=linspace(0,2*pi,5);
% 구간 [0,2π]의 양 끝점을 포함하는 균일한 간격의 점 5개로 구성된 행벡터 출력. (π=pi)
cos(angle)
% 벡터 angle에 대한 cos값 출력
```

### 명령문 창 결과

```
>> Cos
ans =

   1.0000e+000        6.1230e-017       -1.0000e+000
  -1.8369e-016    1.0000e+000
```

### 코드명: Sin.m

```
angle=linspace(0,2*pi,5);
sin(angle)
```

### 코드설명

% 삼각함수 sin 값을 계산하는 명령어
angle=linspace(0,2*pi,5);
% 구간 $[0, 2\pi]$의 양 끝점을 포함하는 균일한 간격의 점 5개로 구성된 행벡터 출력. ($\pi$=pi)
sin(angle)
% 벡터 angle에 대한 sin값 출력

### 명령문 창 결과

```
>> Sin
```

```
ans =
   0.00000        1.00000        0.00000       -1.00000
  -0.00000
```

## for 문

열거형을 따라서 반복적으로 명령어를 수행하고자 할 때, 'for' 문을 사용한다. 여기서 열거형이란 여러 항목이 나열된 어떤 목록을 의미한다.

**열거형 예시**
- 1:5 % [1 2 3 4 5]: 1부터 1씩 증가하여 5까지
- 1:2:5 % [1 3 5]: 1부터 2씩 증가하여 5까지

```
for 변수 = 열거형
%  열거형에 포함된 각 항목을 순서대로 하나씩 변수에
할당하여 다음 문장을 수행
    문장
end
%  열거형의 마지막 원소까지 수행을 마쳤을 때 for문
끝냄
```

코드명: For1.m

```
a=1;
for i=1:3
a
end
```

### 코드설명

```
a=1;
%  임의의 변수 선언
for i=1:3
%  i가 1부터 1씩 증가하여 3일 때까지 다음 명령어 수행. 다르게 말하면 다음 명령어를 3번 반복 수행.
a
%  a를 출력
end
%  for문을 끝냄
```

### 명령문 창 결과

```
>> For1
a =  1
a =  1
a =  1
```

코드명: For2.m

```
for i=1:2:5
i
end
```

### 코드설명

```
for i=1:2:5
%   i가 1부터 2씩 증가하여 5일 때까지 다음 명령어 수행.
i
%   i를 출력
end
%   for문을 끝냄
```

### 명령문 창 결과

```
>> For2
i =  1
i =  3
i =  5
```

## plot

2차원 선 그래프를 그리고자 할 때, 'plot' 명령어를 사용한다.

```
plot(x,y,LinSpec)
%    'LinSpec'은 그래프의 색, 스타일, 마크를 조절.
```

### 코드명: Plot_Linspec.m

```
x=linspace(0,2*pi,20);
y=cos(x);
plot(x,y,'ko--')
```

### 코드설명

```
x=linspace(0,2*pi,20);
%   임의의 벡터 선언, 변수 x에 0부터 2π까지 균일한 간격의 (1×20)벡터 할당
y=cos(x);
%   변수 y에 벡터 x에 대한 cos값을 할당
plot(x,y,'ko--')
%   벡터 x에 대한 벡터 y를 색은 검정색('k'), 마크는 원('o'), 선 스타일은 파선('--')으로 Figure 창에 그리기
```

## Figure 창 결과

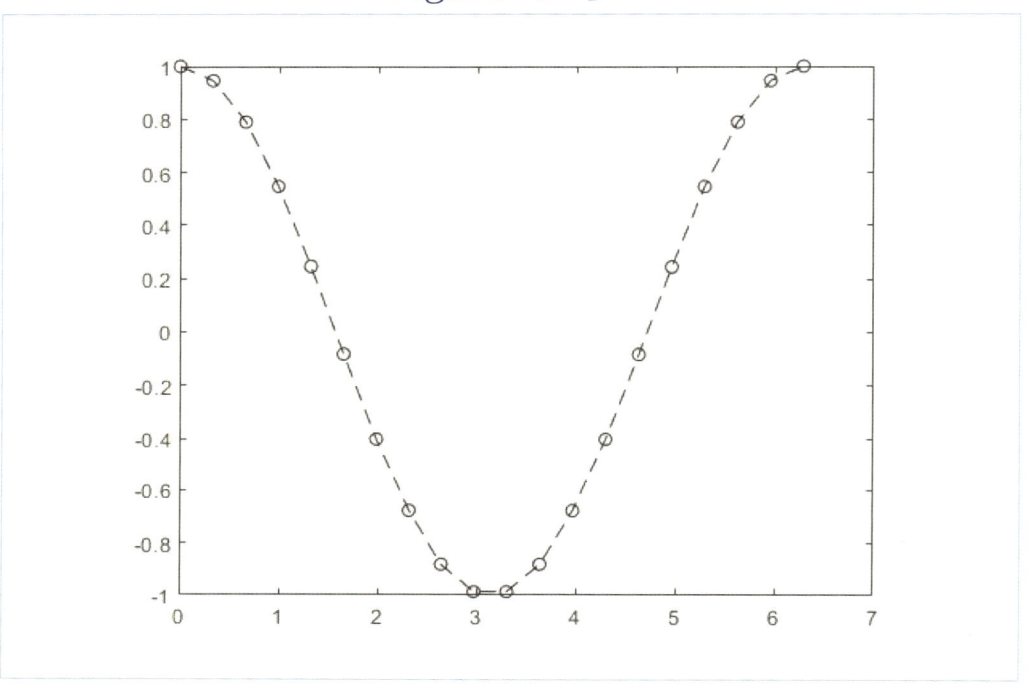

plot3

3차원 선 그래프를 그리고자 할 때, 'plot3' 명령어를 사용한다.

**plot3(x,y,z,LinSpec)**
**% $x$축은 벡터 x의 값, $y$축은 벡터 y의 값, $z$축은 벡터 z의 값, 'LinSpec'은 plot과 같음.**

코드명: Plot3.m

```
x=linspace(0,10*pi);
y=sin(x);
z=cos(x);
plot3(x,y,z,'r^--')
```

코드설명

x=linspace(0,10*pi);
% 임의의 벡터 선언, 변수 x에 0부터 $10\pi$까지 균일한 간격의 $(1\times100)$벡터 할당
y=sin(x);
% 변수 y에 벡터 x에 대한 sin값을 할당
z=cos(x);
% 변수 z에 벡터 x에 대한 cos값을 할당
plot3(x,y,z,'r^--')
% 벡터 x와 y에 대한 벡터 z를 색은 빨간색('r'), 마크는 삼각형('^'), 선 스타일은 파선('--')으로 Figure 창에 그리기

## Figure 창 결과

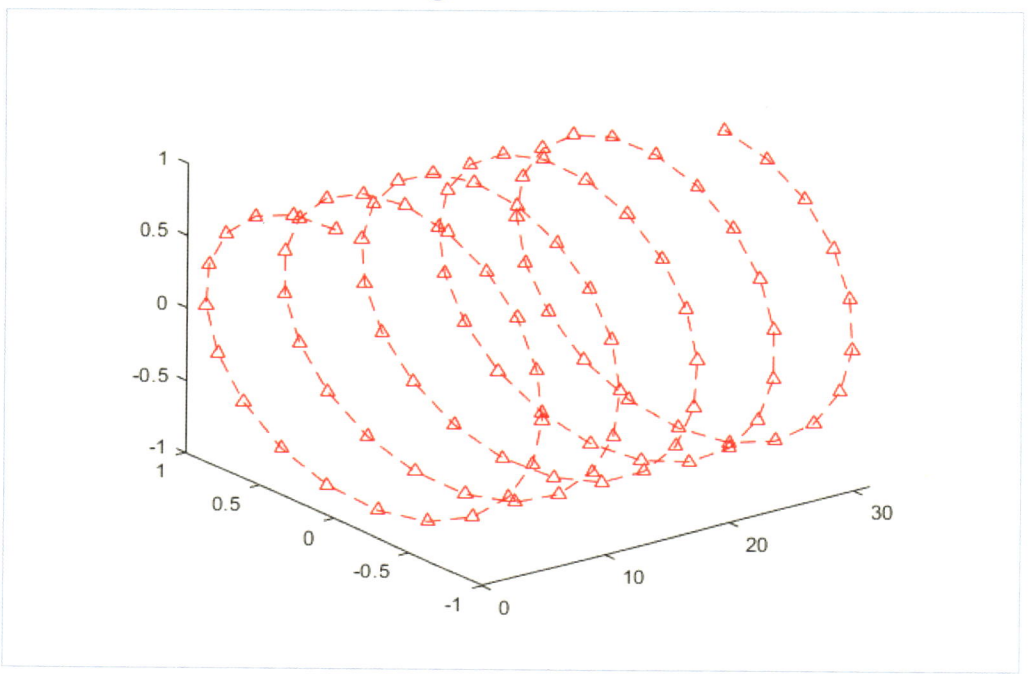

## LinSpec

| 마커 | 설명 |
|---|---|
| o | 원 |
| + | 플러스 기호 |
| * | 별표 |
| . | 점 |
| x | 십자 |
| s | 정사각형 |
| d | 다이아몬드 |
| ^ | 위쪽 방향 삼각형 |
| v | 아래쪽 방향 삼각형 |
| > | 오른쪽 방향 삼각형 |
| < | 왼쪽 방향 삼각형 |
| p | 펜타 그램 |
| h | 헥사 그램 |

| 색 | 설명 |
|---|---|
| y | 노란색 |
| m | 자홍색 |
| c | 녹청색 |
| r | 빨간색 |
| g | 녹색 |
| b | 파란색 |
| w | 흰색 |
| k | 검은색 |

| 선 스타일 | 설명 |
|---|---|
| - | 실선(기본 설정) |
| -- | 파선 |
| : | 점선 |
| -. | 일점 쇄선 |

## hold on/off

한 Figure 창에 여러 그래프를 함께 그리고자 할때, 사용하는 명령어이다. 'hold on'을 사용하여 되도록 하는 명령어이다. 'hold off'는 'hold on'으로 유지시킨 상태를 끄는 명령어이다.

```
hold on
%  기존에 그려진 그래프를 삭제되지 않고 유지하도록 설정
hold off
%  'hold on'의 설정을 끔
```

코드명: Hold_on.m

```
x=linspace(0,2*pi,20);
y1=cos(x);
plot(x,y1)
hold on
y2=sin(x);
plot(x,y2)
```

코드설명

```
x=linspace(0,2*pi,20);
%  임의의 벡터 선언
y1=cos(x);
%  변수 y1에 cos(x)를 할당
plot(x,y1)
%  Figure1 창에 벡터 x에 대한 벡터 y1을 그리기
hold on
%  플롯을 유지하도록 설정
y2=sin(x);
%  변수 y2에 sin(x)를 할당
plot(x,y2)
%  Figure1 창에 벡터 x에 대한 벡터 y2를 그리기
```

## Figure 창 결과

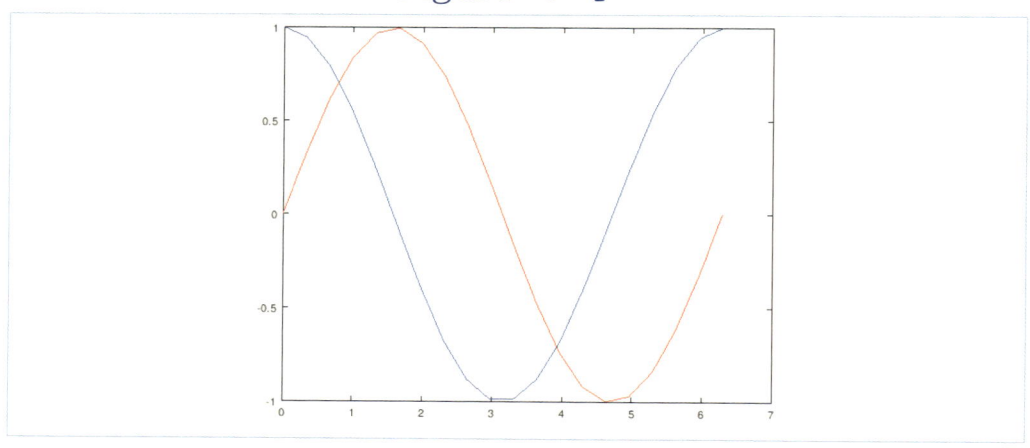

### axis

데이터의 그래프를 분석하는 경우에 보고 싶은 구간 혹은 스케일을 설정 하고자 할 때, 'axis'를 이용하여 설정한다.

```
axis ([xmin xmax ymin ymax])
%   어느 구간만 보고 싶은 경우
- axis image
%   각 축에서의 데이터 단위에 대해 동일한 길이를 사용하여 좌표축 상자를 데이터 둘레에 맞게 스케일 조정
- axis off
%   각 축에서의 데이터를 표시하지 않음
```

코드명: Axis.m

```
x=linspace(0,2*pi,20);
y=sin(x);
figure(1);plot(x,y)
axis([3 6 -1 0])
figure(2);plot(x,y)
axis image
figure(3);plot(x,y)
axis off
```

코드설명

```
x=linspace(0,2*pi,20);
%  임의의 벡터 선언
y=sin(x);
%  변수 y에 sin(x)를 할당
figure(1);plot(x,y)
%  figure(1)창에 벡터 x에 대한 벡터 y를 그리기
axis([3 6 -1 0])
%  보고 싶은 구간 [3 6 -1 0]으로 좌표축을 변경
figure(2);plot(x,y)
%  figure(2)창에 벡터 x에 대한 벡터 y를 그리기
axis image
```

% 보고 싶은 스케일('image')로 좌표축을 변경
figure(3);plot(x,y)
% figure(3)창에 벡터 x에 대한 벡터 y를 그리기
axis off
% 좌표축 데이터를 표시 하지 않음

Figure 창 결과

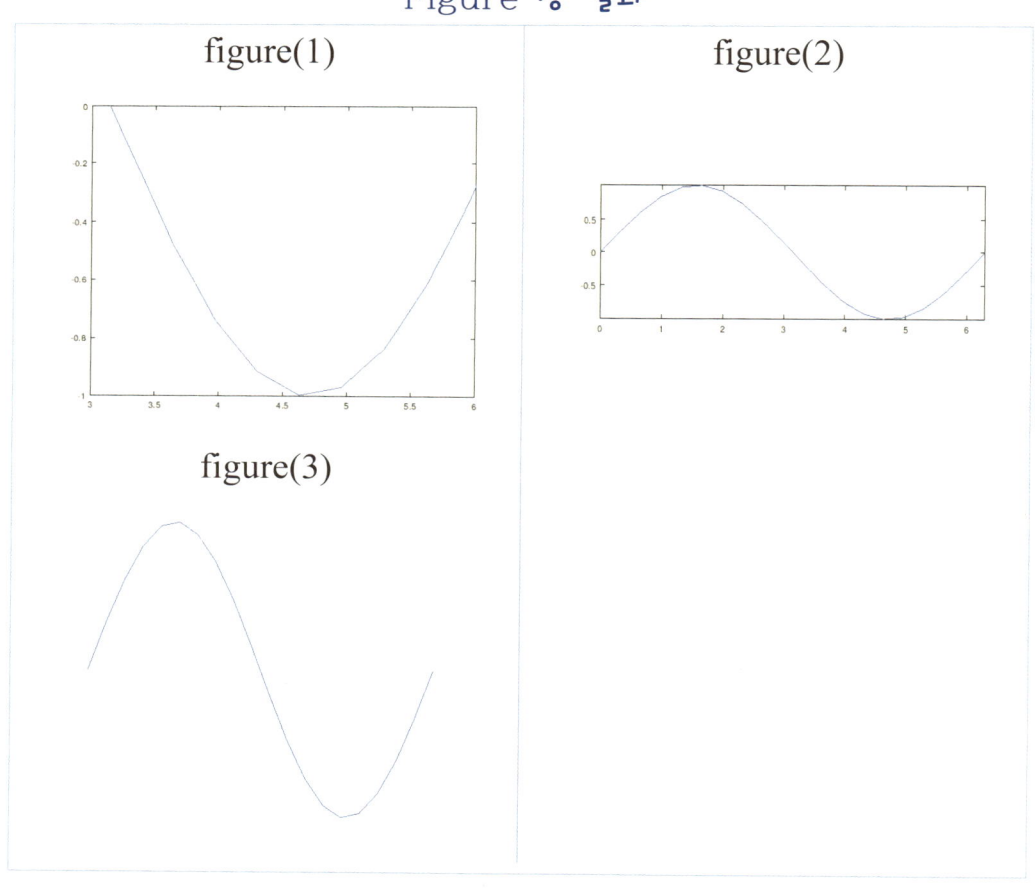

## view

3차원 공간에 그래프를 보고 싶은 시점에서 볼 수있도록 변경하고 싶을 때, 'view'를 사용하여 변경한다.

- axis $(\Phi, \theta)$

% 어느 시점(각도)에서 보고 싶은 경우

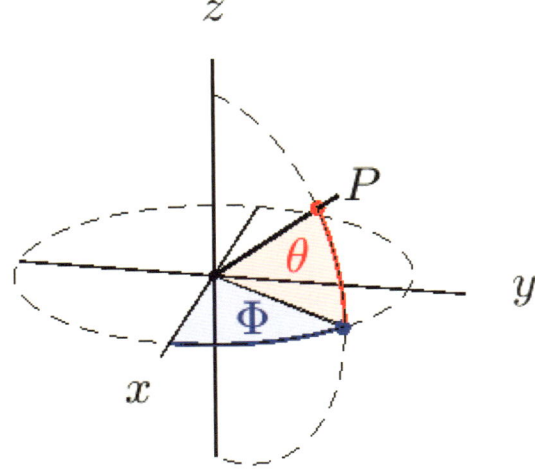

코드명: View.m

```
x=linspace(-2*pi,2*pi);
y=sin(x);
z=cos(x);
figure(1);plot3(x,y,z,'r^--')
figure(2);plot3(x,y,z,'r^--')
view(-70,30)
```

코드설명

```
x=linspace(0,10*pi);
```
% 임의의 벡터 선언, 변수 x에 0부터 $10\pi$까지 균일한 간격의 $(1\times100)$벡터 할당
```
y=sin(x);
```
% 변수 y에 벡터 x에 대한 sin값을 할당
```
z=cos(x);
```
% 변수 z에 벡터 x에 대한 cos값을 할당
```
figure(1);plot3(x,y,z,'r^--')
```
% figure(1)창에 벡터 x에 대한 벡터 y를 그리기
```
figure(2);plot3(x,y,z,'r^--')
```
% figure(2)창에 벡터 x에 대한 벡터 y를 그리기
```
view(-70,30)
```
% 시점(-70,30)으로 출력

## Figure 창 결과

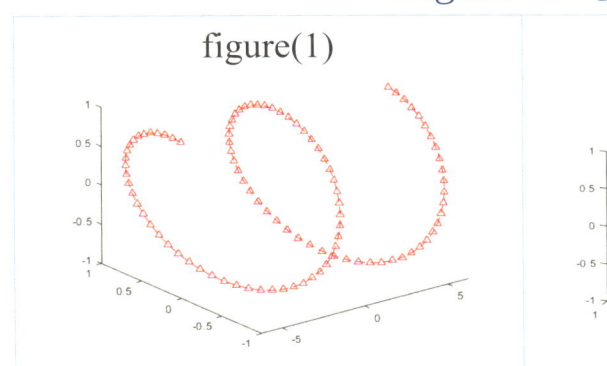

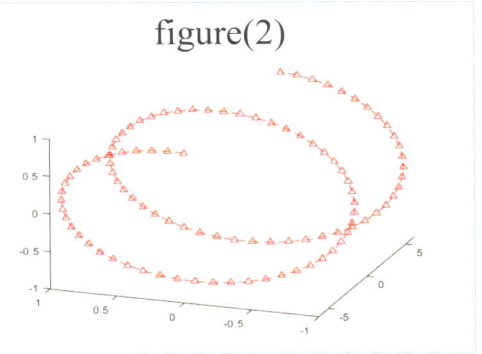

코드명: Pause.m

```
hold on
axis ([1 10 1 10])
for i=1:10
   plot(i,i,'ko')
   pause(0.1)
end
```

코드설명

```
clear; clf; hold on
% 그림 잡아두기
axis ([1 10 1 10])
```

```
% x축과 y축의 범위를 각각 1부터 10으로 설정
for i=1:10
   plot(i,i,'ko')
% i 의 값은 루프를 반복할 때 마다 10이 될 때까지 1씩 증가함, 좌표(i,i)에 검정색 '*' 마크를 그린다.
   pause(0.1)
% 0.1초 일시 정지한다.
end
```

### 명령문 창 결과

```
>> Sin
ans =
   0.00000        1.00000        0.00000       -1.00000
-0.00000
```

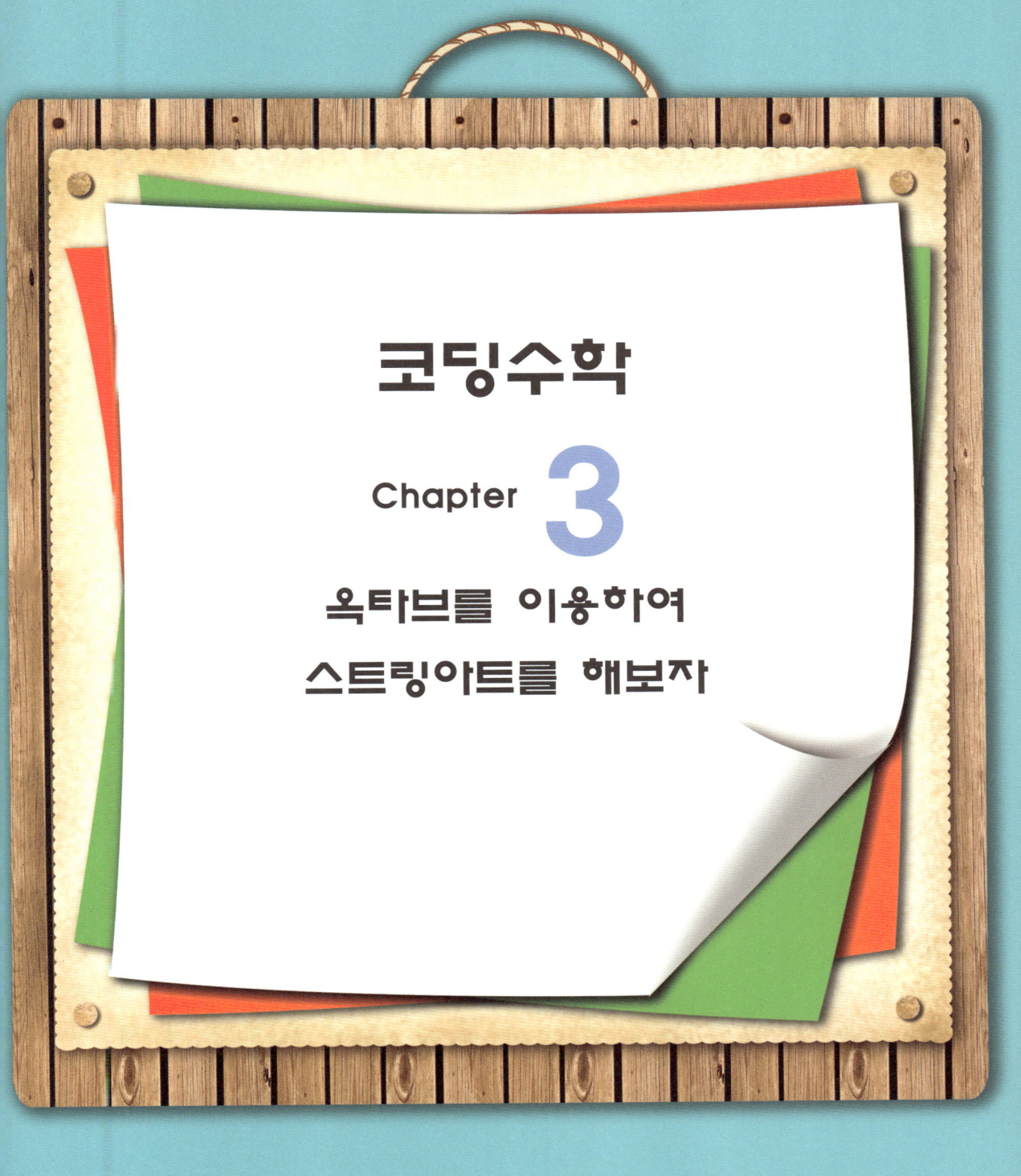

코딩수학 9

## 스트링 아트 기본 플롯

앞에서 직접 그려 본 스트링 아트를 옥타브를 이용하여 코드를 작성해보자. 스트링 아트의 기본 플롯으로 두 개의 선분을 일정하게 선분으로 꼬아서 연결하는 것이다. 처음 프로그램을 실행할 때에는 시간이 몇 분정도 걸릴 수 있다.

코드명: Twisted_Lines.m

```
clear; clf; hold on
n=10;
xa=linspace(0,0,n);
ya=linspace(0,1,n);
xb=linspace(1,1,n);
yb=linspace(1,0,n);
plot(xa,ya,'o')
plot(xb,yb,'o')
axis image off
for i=1:n
plot([xa(i) xb(i)],[ya(i) yb(i)],...
'linewidth',2)
pause(0.1)
end
```

## 코드설명

```
clear; clf; hold on
% 메모리 및 그림 초기화, 그림 잡아두기
n=10;
% 선분의 개수
xa=linspace(0,0,n);
% 선분의 왼쪽 점들의 $x$좌표
ya=linspace(0,1,n);
% 선분의 왼쪽 점들의 $y$좌표
xb=linspace(1,1,n);
% 선분의 오른쪽 점들의 $x$좌표
yb=linspace(1,0,n);
% 선분의 오른쪽 점들의 $y$좌표
plot(xa,ya,'o')
% 선분의 왼쪽 점들 출력
plot(xb,yb,'o')
% 선분의 오른쪽 점들 출력
axis image off
% 그림의 비율 맞추고 축 표시하지 않기
for i=1:n
plot([xa(i) xb(i)],[ya(i) yb(i)],...
```

```
'linewidth',2)
% 점(xa,ya)와 점(xb,yb)를 잇는 선분 $n$개 출력
pause(0.1)
% 0.1초 일시 정지
end
```

그래프 결과

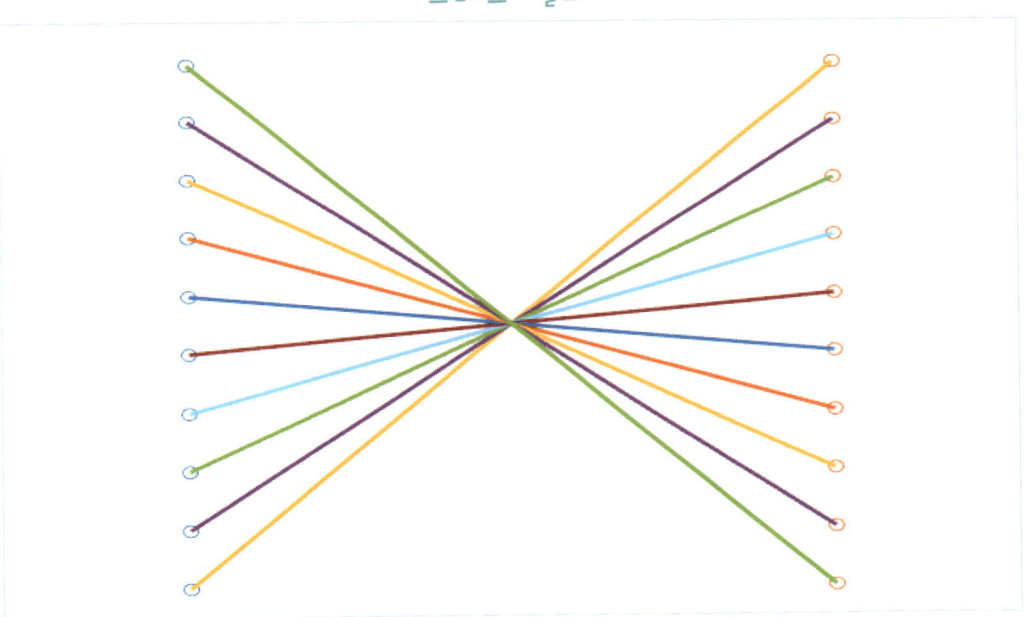

## 회전 행렬

다음의 회전 행렬은 평면 위의 점을 원점을 중심으로 회전시키는 역할을 한다.

$$\begin{pmatrix} \cos\theta & -\sin\theta \\ \sin\theta & \cos\theta \end{pmatrix}$$

이 회전 행렬은 다음의 과정을 통해서 얻을 수 있다.

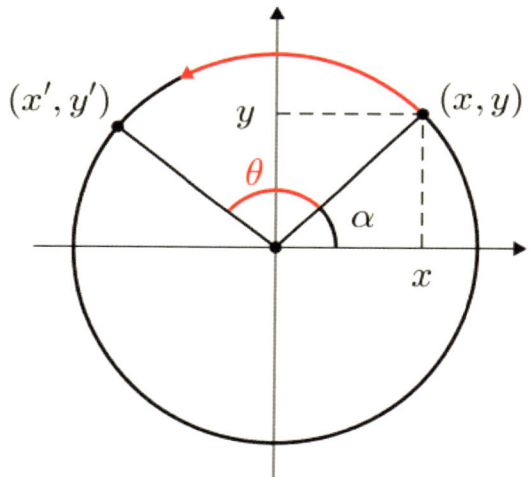

위 그림의 $(x, y)$ 점을 $(x', y')$ 위치로 원점을 중심으로 $\theta$ 만큼 회전 한다고 하자. 편의를 위해서 점 $(x, y)$가 반지름이 1인 원 위에 있다고 가정하자.

그러면

$$x = \cos\alpha, \ y = \sin\alpha$$

음을 알 수 있다. 여기서 $\alpha$는 점 $(x,y)$가 $x$축과 이루는 각도 (동경)이다. 또한,
$$x' = \cos(\alpha+\theta), \ y' = \sin(\alpha+\theta)$$
이다. 삼각함수의 덧셈정리에 의해서
$$x' = \cos(\alpha+\theta) = \cos\alpha\cos\theta - \sin\alpha\sin\theta,$$
$$y' = \sin(\alpha+\theta) = \sin\alpha\cos\theta + \cos\alpha\sin\theta.$$
위의 식은
$$x' = \cos\alpha\cos\theta - \sin\alpha\sin\theta = x\cos\theta - y\sin\theta,$$
$$y' = \sin\alpha\cos\theta + \cos\alpha\sin\theta = x\sin\theta + y\cos\theta.$$
로 나타낼 수 있고, 따라서
$$\begin{pmatrix} x' \\ y' \end{pmatrix} = \begin{pmatrix} \cos\theta & -\sin\theta \\ \sin\theta & \cos\theta \end{pmatrix} \begin{pmatrix} x \\ y \end{pmatrix}$$
을 얻는다.

점 $(1,0)$을 원점을 중심으로 시계 반대 방향으로 $30°$ ($\pi/6$ 라디안)씩 연속으로 11번 회전시키는 옥타브 프로그램을 작성해보자.

코드명: Rotation.m

```
clear; clf
theta=pi/6;
x(1)=1;
y(1)=0;
for i=1:11
x(i+1)=cos(theta)*x(i)-sin(theta)*y(i);
y(i+1)=sin(theta)*x(i)+cos(theta)*y(i);
end
plot(x,y,'*','markersize',8); axis image;
```

코드설명

```
clear; clf
% 메모리 및 그림 초기화
theta=pi/6;
% 회전 시킬 각도 30°로 정의
x(1)=1;
y(1)=0;
% 시작점 (1,0)
for i=1:11
```

```
x(i+1)=cos(theta)*x(i)-sin(theta)*y(i);
y(i+1)=sin(theta)*x(i)+cos(theta)*y(i);
% x좌표와 y좌표를 theta만큼 회전시킨 좌표를 다음 인덱스에 저장
end
plot(x,y,'*','markersize',8); axis image;
% for문에서 구한 점들을 출력. 그림의 비율을 맞추기
```

그래프 결과

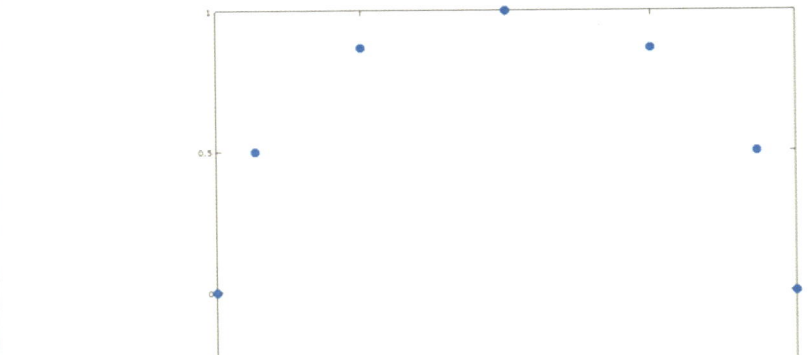

## 간단한 스트링 아트

직각으로 만나는 두 선분을 일정 간격으로 선분으로 연결해보자.

코드명: TwoLines_90.m

```
clear; clf; hold on
n=10;
xa=linspace(0,1,n);
ya=linspace(0,0,n);
xb=linspace(0,0,n);
yb=linspace(1,0,n);
plot(xa,ya,'o');
plot(xb,yb,'o');
axis image off
for i=1:n
plot([xa(i) xb(i)],[ya(i) yb(i)],...
'linewidth',2)
pause(0.1)
end
```

**코드설명**

```
clear; clf; hold on
% 메모리 및 그림 초기화, 그림 잡아두기
n=10; % 선분의 개수
xa=linspace(0,1,n);
% 0에서 1까지 n개의 점으로 등분. x축 위 n개의 점의 x좌표
ya=linspace(0,0,n);
% 0에서 0까지 n개의 점으로 등분. x축 위 n개의 점의 y좌표
xb=linspace(0,0,n);
% 0에서 0까지 n개의 점으로 등분. y축 위 n개의 점의 x좌표
yb=linspace(1,0,n);
% 0에서 1까지 n개의 점으로 등분. y축 위 n개의 점의 y좌표
plot(xa,ya,'o'); % x축 위의 점들을 출력
plot(xb,yb,'o'); % y축 위의 점들을 출력
axis image off
% 그림의 비율 맞추고 축 표시하지 않기
for i=1:n
```

```
plot([xa(i) xb(i)],[ya(i) yb(i)],...
'linewidth',2)
% 점(xa,ya)와 점(xb,yb)를 잇는 선분 $n$개 출력
pause(0.1) % 0.1초 일시 정지
end
```

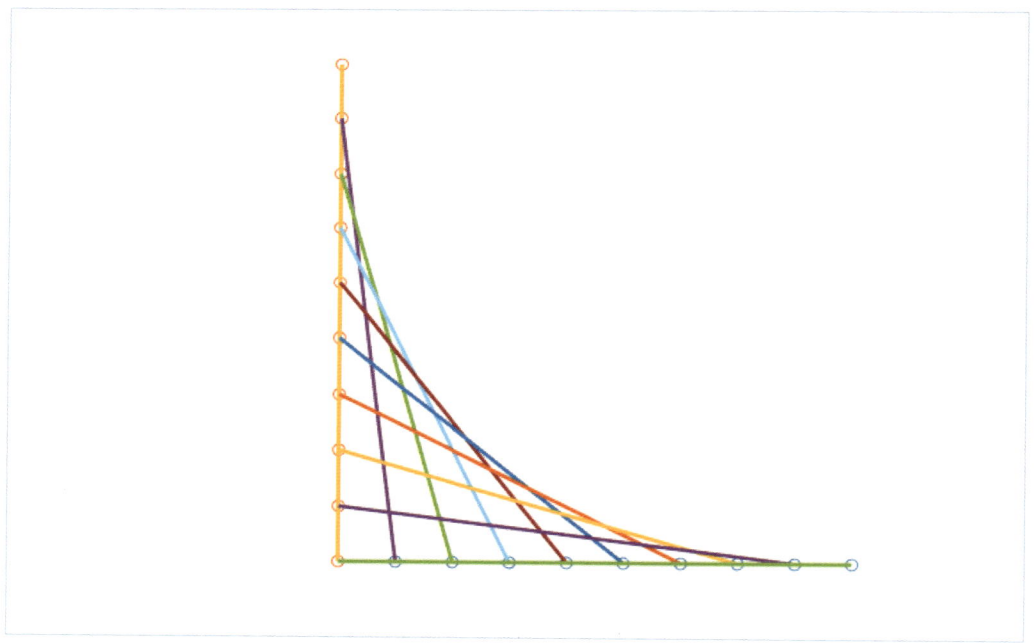

그래프 결과

위 코드 결과를 보면 어떤 곡선의 접선들을 그려놓은 형상을 하고 있다. 나머지 예제도 코드로 작성하여 보자.

옥타브를 이용하여 스트링아트를 해보자     75

코드명: TwoLines60.m

```
clear; clf; hold on
n=10;
theta=pi/3;
xa=linspace(0,1,n);
ya=linspace(0,0,n);
xb=cos(theta)*xa-sin(theta)*ya;
yb=sin(theta)*xa+cos(theta)*ya;
plot(xa,ya,'o');
plot(xb,yb,'o');
axis image off
for i=1:n
plot([xa(i) xb(n+1-i)],[ya(i) yb(n+1-i)],...
'linewidth',2)
pause(0.1)
end
```

코드설명

```
clear; clf; hold on
% 메모리 및 그림 초기화, 그림 잡아두기
```

```
n=10;
% 선분의 개수
theta=pi/3;
% 회전 시킬 각도 30°로 정의
xa=linspace(0,1,n);
% 0에서 1까지 n개의 점으로 등분. x축 위 n개의 점의 x좌표
ya=linspace(0,0,n);
% 0에서 0까지 n개의 점으로 등분. y축 위 n개의 점의 x좌표
xb=cos(theta)*xa-sin(theta)*ya;
yb=sin(theta)*xa+cos(theta)*ya;
% x축 위의 n개의 점들을 시계 반대 방향으로 theta 각도 만큼 회전
plot(xa,ya,'o');
% x축 위의 점들을 출력
plot(xb,yb,'o');
% x축 위의 점들을 회전해서 구한 점들을 출력
axis image off
% 그림의 비율 맞추고 축 표시하지 않기
for i=1:n
```

```
plot([xa(i) xb(n+1-i)],[ya(i) yb(n+1-i)],...
'linewidth',2)
% 점(xa,ya)와 점(xb,yb)를 잇는 선분 $n$개 출력
pause(0.1)
% 0.1초 일시 정지
end
```

그래프 결과

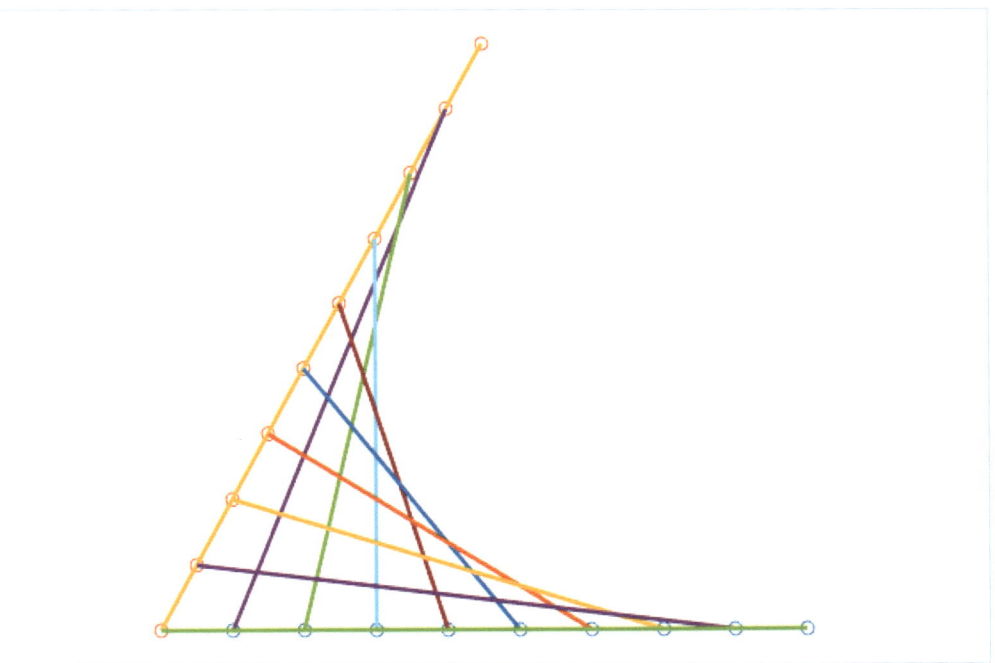

## 스트링아트 정삼각형

앞의 두 예제를 응용하여, 정삼각형에 대한 스트링아트 코드를 작성해보자.

코드명: Triangle.m

```
clear; clf; hold on
theta=2*pi/3;
x(1)=1;
y(1)=0;
for i=1:5
x(i+1)=cos(theta)*x(i)-sin(theta)*y(i);
y(i+1)=sin(theta)*x(i)+cos(theta)*y(i);
end
plot(x,y);
axis image off;
n=20;
for k=1:3
xa=linspace(x(k),x(k+1),n);
ya=linspace(y(k),y(k+1),n);
xb=linspace(x(k+2),x(k+3),n);
```

```
yb=linspace(y(k+2),y(k+3),n);
plot(xa,ya,'o');
plot(xb,yb,'o');
for i=1:n
plot([xa(i) xb(i)],[ya(i) yb(i)],...
'linewidth',2)
pause(0.02)
end
end
```

코드설명

```
clear; clf; hold on
% 메모리 및 그림 초기화, 그림 잡아두기
theta=2*pi/3;
% 회전 시킬 각도 120°로 정의
x(1)=1;
y(1)=0;
% 시작점 (1,0)
for i=1:5
x(i+1)=cos(theta)*x(i)-sin(theta)*y(i);
y(i+1)=sin(theta)*x(i)+cos(theta)*y(i);
```

```
% x좌표와 y좌표를 theta만큼 회전시켜서 다음 인덱스에
저장. 뒤에서 삼각형의 두 변을 연결하는 선분을 그리기
위해 5번 반복
end
plot(x,y);
% 삼각형 출력
axis image off;
% 그림의 비율 맞추고 축 표시하지 않기
n=20;
% 각 변의 점의 개수
for k=1:3
xa=linspace(x(k),x(k+1),n);
ya=linspace(y(k),y(k+1),n);
xb=linspace(x(k+2),x(k+3),n);
yb=linspace(y(k+2),y(k+3),n);
plot(xa,ya,'o');
plot(xb,yb,'o');
% 연결할 두 변 위의 점들을 출력. 삼각형의 이웃한 두
변씩 연결하므로 3번 반복.
for i=1:n
plot([xa(i) xb(i)],[ya(i) yb(i)],...
```

```
'linewidth',2)
% 점(xa,ya)와 점(xb,yb)를 잇는 선분 출력
pause(0.02)
% 0.02초 일시 정지
end
end
```

그래프 결과

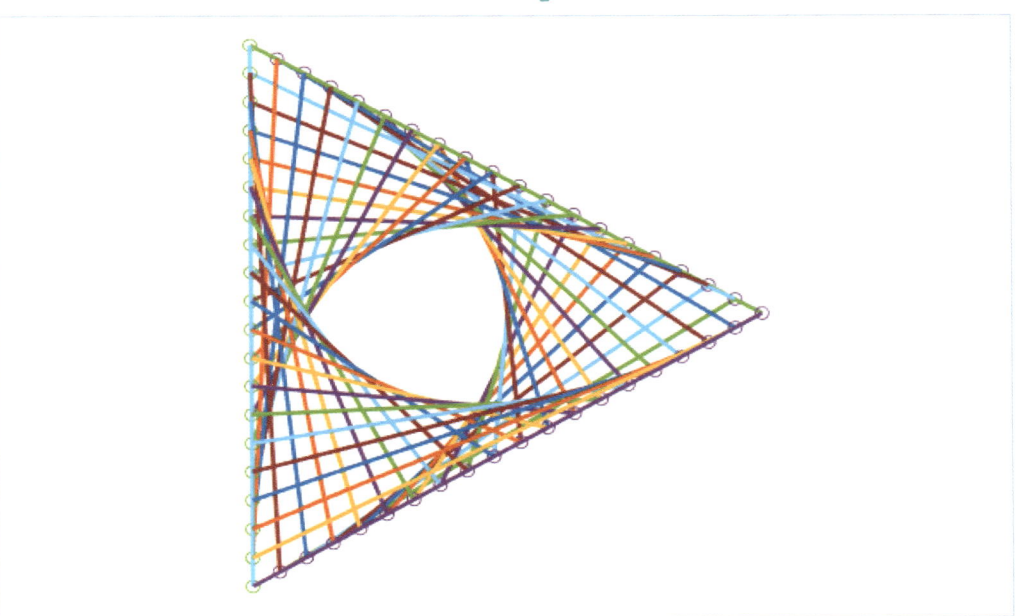

## 스트링아트 정육각형

정육각형에 대한 스트링아트 코드를 작성해 보자.

코드명: ThreeLine.m

```matlab
clear; clf; hold on
theta=pi/3;
x(1)=1;
y(1)=0;
for i=1:3
x(i+1)=cos(theta)*x(i)-sin(theta)*y(i);
y(i+1)=sin(theta)*x(i)+cos(theta)*y(i);
end
plot(x,y); axis image off;
n=20;
xa=linspace(x(1),x(2),n);
ya=linspace(y(1),y(2),n);
xb=linspace(x(3),x(4),n);
yb=linspace(y(3),y(4),n);
plot(xa,ya,'o');
plot(xb,yb,'o');
```

```
for i=1:n
plot([xa(i) xb(i)],[ya(i) yb(i)],...
'linewidth',2)
pause(0.02)
end
```

코드설명

```
clear; clf; hold on
% 메모리 및 그림 초기화, 그림 잡아두기
theta=pi/3;
% 회전 시킬 각도 60°로 정의
x(1)=1;
y(1)=0;
% 시작점 (1,0)
for i=1:3
x(i+1)=cos(theta)*x(i)-sin(theta)*y(i);
y(i+1)=sin(theta)*x(i)+cos(theta)*y(i);
% x좌표와 y좌표를 theta만큼 회전시켜서 다음 인덱스에 저장.
end
plot(x,y); axis image off;
```

```matlab
% 세 선분 출력. 그림의 비율 맞추고 축 표시하지 않기
n=20;
% 각 변의 점의 개수
xa=linspace(x(1),x(2),n);
ya=linspace(y(1),y(2),n);
% 왼쪽 기울어진 선분을 n등분한 좌표
xb=linspace(x(3),x(4),n);
yb=linspace(y(3),y(4),n);
% 오른 기울어진 선분을 n등분한 좌표
plot(xa,ya,'o');
plot(xb,yb,'o');
% 기울어진 각 선분위의 n개의 점 그리기
for i=1:n
plot([xa(i) xb(i)],...
[ya(i) yb(i)],'linewidth',2)
% 점 (xa(i),ya(i))와 점 (xb(i),yb(i))를 잇는 선분 출력
pause(0.02)
% 0.02초 일시 정지
end
```

그래프 결과

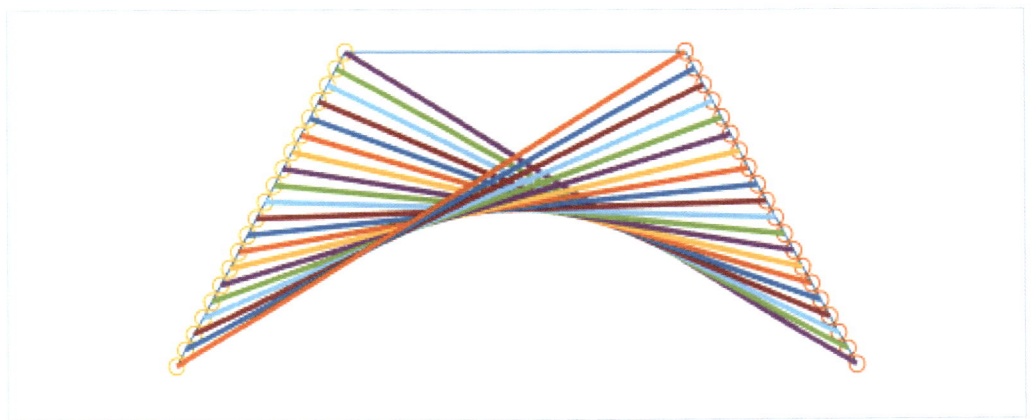

위 예제 결과는 정육각형의 일부분에서 스트링아트를 한 것이다. 위 예제를 응용하여 정육각형에 대한 스트링아트 코드를 작성하여 보자.

코드명: Hexa.m

```
clear; clf; hold on
theta=pi/3;
x(1)=1;
y(1)=0;
for i=1:8
x(i+1)=cos(theta)*x(i)-sin(theta)*y(i);
y(i+1)=sin(theta)*x(i)+cos(theta)*y(i);
```

```
end
plot(x,y); axis image off;
n=20;
for k=1:6
xa=linspace(x(k),x(k+1),n);
ya=linspace(y(k),y(k+1),n);
xb=linspace(x(k+2),x(k+3),n);
yb=linspace(y(k+2),y(k+3),n);
plot(xa,ya,'o');
plot(xb,yb,'o');
for i=1:n
plot([xa(i) xb(i)],...
[ya(i) yb(i)],'linewidth',2)
pause(0.02)
end
end
```

### 코드설명

```
clear; clf; hold on
% 메모리 및 그림 초기화, 그림 잡아두기
theta=pi/3;
```

```
% 회전 시킬 각도 60°로 정의
x(1)=1;
y(1)=0;
% 시작점 (1,0)
for i=1:8
x(i+1)=cos(theta)*x(i)-sin(theta)*y(i);
y(i+1)=sin(theta)*x(i)+cos(theta)*y(i);
% x좌표와 y좌표를 theta만큼 회전시켜서 다음 인덱스에
저장. 뒤에서 육각형 두 변을 연결하는 선분을 그리기 위
해 8번 반복
end
plot(x,y); axis image off;
% 육각형 출력. 그림의 비율 맞추고 축 표시하지 않기
n=20;
% 각 변의 점의 개수
for k=1:6
xa=linspace(x(k),x(k+1),n);
ya=linspace(y(k),y(k+1),n);
xb=linspace(x(k+2),x(k+3),n);
yb=linspace(y(k+2),y(k+3),n);
plot(xa,ya,'o');
```

```
plot(xb,yb,'o');
% 연결할 두 변 위의 점들을 출력. 육각형의 이웃한 두 변씩 연결하므로 6번 반복.
for i=1:n
plot([xa(i) xb(i)],...
[ya(i) yb(i)],'linewidth',2)
% 점 (xa(i),ya(i))와 점 (xb(i),yb(i))를 잇는 선분 출력
pause(0.02)
% 0.02초 일시 정지
end
end
```

그래프 결과

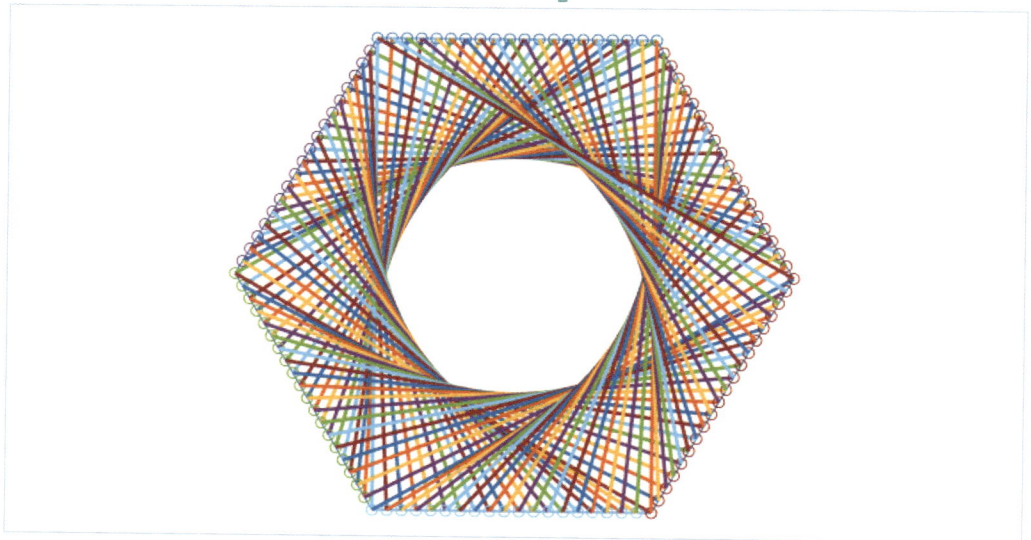

## 스트링아트 심장형(하트)

심장형, 즉 하트 모양을 표현하는 스트링아트 코드를 작성해 보자.

코드명: Cardioid.m

```
clear; clf; hold on
n=201;
t=linspace(0,2*pi,n);
x=cos(t);
y=sin(t);
plot(x,y,'o');
axis image off
for i=1:(n-1)/2
plot([x(2*i-1) x((n-1)/2+i)], ...
[y(2*i-1) y((n-1)/2+i)],'linewidth',1.5)
plot([x(n-2*(i-1)) x((n+1)/2-i+1)], ...
[y(n-2*(i-1)) y((n+1)/2-i+1)], ...
'linewidth',1.5)
pause(0.02)
end
```

```
clear; clf; hold on
% 메모리 및 그림 초기화, 그림 잡아두기
n=201;
% 점의 개수
t=linspace(0,2*pi,n);
% 0에서 2π까지 n개의 점으로 등분
x=cos(t);
y=sin(t);
plot(x,y,'o');
% 중심이 (0,0)이고 반지름이 1인 원 그래프를 출력
axis image off
% 그림의 비율 맞추고 축 표시하지 않기
for i=1:(n-1)/2
plot([x(2*i-1) x((n-1)/2+i)], ...
[y(2*i-1) y((n-1)/2+i)],'linewidth',1.5)
% 360°를 201개의 점으로 나누어서(0°과 360°는 같은 점) 1,3,5,7,...번째 점과 101,102,103,104....번째 점을 연결하며 출력
plot([x(n-2*(i-1)) x((n+1)/2-i+1)], ...
[y(n-2*(i-1)) y((n+1)/2-i+1)], ...
```

'linewidth',1.5)
% 원을 201개의 점으로 나누어서(0°과 360°는 같은 점) 201,199,197,195,...번째 점과 101,102,103,104.... 번째 점을 연결하며 출력
pause(0.02)
% 0.02초 일시 정지
end

그래프 결과

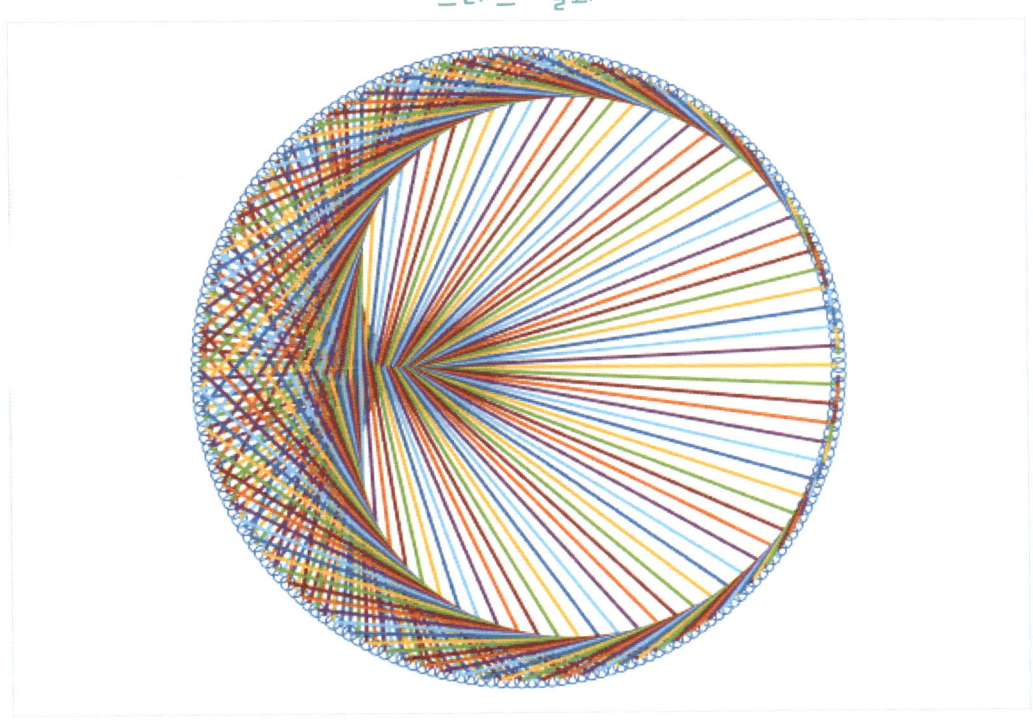

## 스트링아트 꽃

꽃모양을 표현하는 스트링아트 코드를 작성해보자.

코드명: Flower.m

```matlab
clear; clf; hold on
n=21; theta=pi/3;
t=linspace(0,1,n);
x(1)=0;
y(1)=0;
x(2)=1;
y(2)=0;
for i=1:5
x(i+2)=cos(theta)*x(i+1)-sin(theta)*y(i+1);
y(i+2)=sin(theta)*x(i+1)+cos(theta)*y(i+1);
end
plot(x,y,'o','linewidth',3);
axis image off
pp=[1 2 1 3 1 4 1 5 1 6 1 7];
qq=[2 3 3 4 4 5 5 6 6 7 7 2];
rr=[3 1 4 1 5 1 6 1 7 1 2 1];
```

```
for k=1:12
p=pp(k); q=qq(k); r=rr(k);
x1=x(p)+(x(q)-x(p))*t;
y1=y(p)+(y(q)-y(p))*t;
x2=x(q)+(x(r)-x(q))*t;
y2=y(q)+(y(r)-y(q))*t;
for i=1:n
plot([x1(i) x2(i)],[y1(i) y2(i)], ...
'linewidth',1)
pause(0.02)
end
end
```

### 코드설명

```
clear; clf; hold on
% 메모리 및 그림 초기화, 그림 잡아두기
n=21; theta=pi/3;
% 각 변에서 선분을 그릴 점의 개수를 정의. 회전 시킬 각도를 60°로 정의
t=linspace(0,1,n);
% 0에서 1까지 n개의 점으로 등분
```

```
x(1)=0;
y(1)=0;
% 첫 번째 점을 (0,0)로 정의
x(2)=1;
y(2)=0;
% 두 번째 점을 (1,0)로 정의
for i=1:5
x(i+2)=cos(theta)*x(i+1)-sin(theta)*y(i+1);
y(i+2)=sin(theta)*x(i+1)+cos(theta)*y(i+1);
% 선분의 오른쪽 점들을 시계 반대 방향으로 theta 각도 만큼 회전
end
plot(x,y,'o','linewidth',3);
% 7개의 점을 'o'(circle)로 출력
axis image off
% 그림의 비율 맞추고 축 표시하지 않기
pp=[1 2 1 3 1 4 1 5 1 6 1 7];
qq=[2 3 3 4 4 5 5 6 6 7 7 2];
rr=[3 1 4 1 5 1 6 1 7 1 2 1];
% 연결할 삼각형 각 변의 순서를 벡터로 정의
for k=1:12
```

```
p=pp(k); q=qq(k); r=rr(k);
x1=x(p)+(x(q)-x(p))*t;
y1=y(p)+(y(q)-y(p))*t;
x2=x(q)+(x(r)-x(q))*t;
y2=y(q)+(y(r)-y(q))*t;
% 꽃모양이 되도록 연결할 두 점의 좌표를 정의
for i=1:n
plot([x1(i) x2(i)],[y1(i) y2(i)], ...
'linewidth',1)
% 점(xa,ya)와 점(xb,yb)를 잇는 선분 출력
pause(0.02)
% 0.02초 일시 정지
end
end
```

96　코딩수학 9 스트링아트

## 그래프 결과

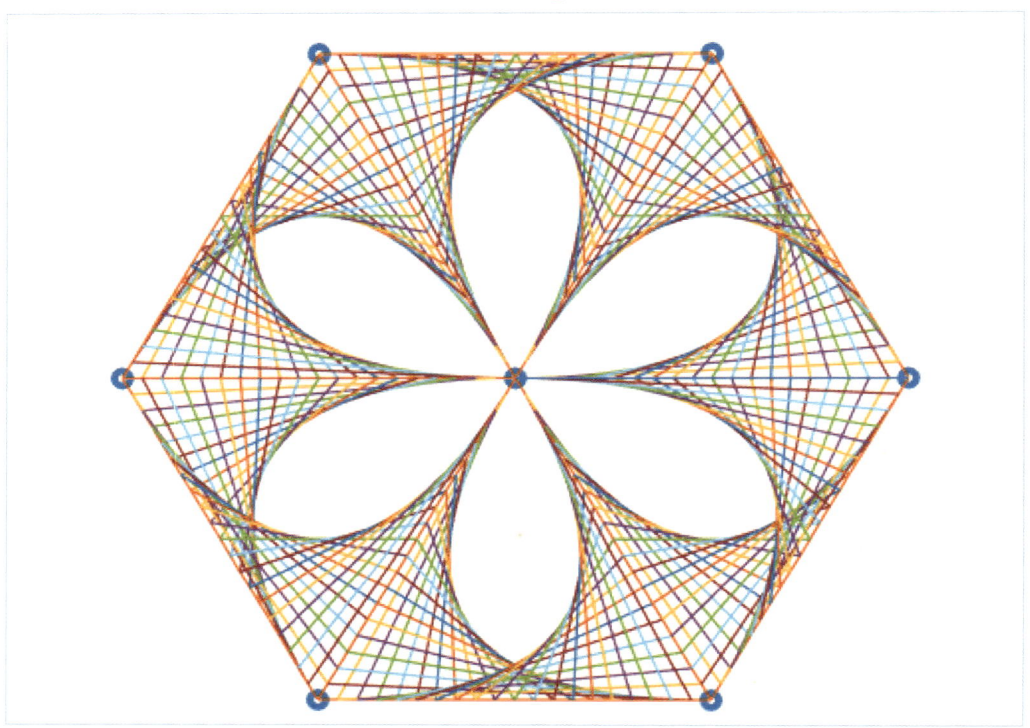

## 스트링아트 일엽쌍곡면

간단한 3차원 스트링아트를 작성하여보자. 쌍곡면 중의 하나인 일엽쌍곡면에 대해 알아보자. 일엽쌍곡면은 $x$, $y$, $z$에 대한 이차방정식

$$\frac{x^2}{a^2} + \frac{y^2}{b^2} - \frac{z^2}{c^2} = 1$$

을 만족하는 점들의 집합이다.

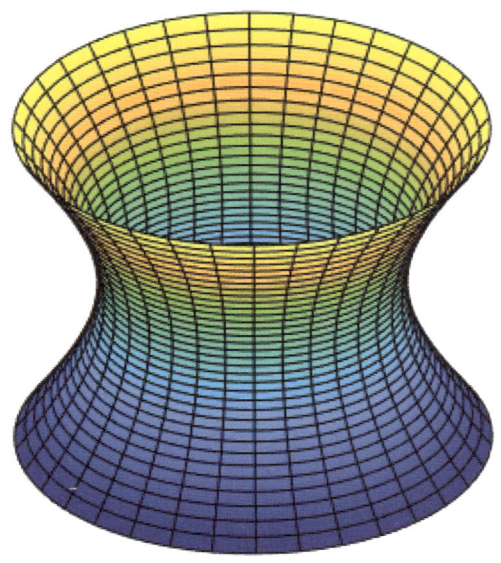

일엽쌍곡면에 대한 스트링아트 코드를 작성해보자.

코드명: Hyperboloid.m

```
clear; clf; hold on
n=70;
t=linspace(0,2*pi,n);
xa=cos(t);
ya=sin(t);
za=zeros(1,n);
s=30;
xb=[xa(s:n) xa(1:s-1)];
yb=[ya(s:n) ya(1:s-1)];
zb=3*ones(1,n);
plot3(xa,ya,za,'o');
plot3(xb,yb,zb,'o');
axis image off
view(0,10)
for i=1:n
plot3([xa(i) xb(i)],[ya(i) yb(i)],...
[za(i) zb(i)],'linewidth',2)
pause(0.02)
end
```

## 코드설명

```
clear; clf; hold on
% 메모리 및 그림 초기화, 그림 잡아두기
n=70;
% 점의 개수 정의
t=linspace(0,2*pi,n);
% 0에서 $2\pi$까지 $n$개의 점으로 등분
xa=cos(t);
ya=sin(t);
za=zeros(1,n);
% 모든 원소의 값이 0인 1행 n열의 벡터 정의
s=30;
xb=[xa(s:n) xa(1:s-1)];
yb=[ya(s:n) ya(1:s-1)];
% (xa, ya) 좌표의 순서를 변경하여 (xb,yb)를 정의
zb=3*ones(1,n);
% 모든 원소의 값이 3인 1행 n열의 벡터 정의
plot3(xa,ya,za,'o');
% $xy$평면과 평행하고 중심이 $(0,0,0)$, 반지름이 1인 원을 출력
plot3(xb,yb,zb,'o');
```

```
% xy평면과 평행하고 중심이 (0,0,3), 반지름이 1인 원을 출력
axis image off
% 그림의 비율 맞추고 축 표시하지 않기
view(0,10)
% 그래프를 수평방향으로 0°, 수직방향으로 10°의 각도로 보여줌.
for i=1:n
plot3([xa(i) xb(i)],[ya(i) yb(i)],...
[za(i) zb(i)],'linewidth',2)
% 점(xa,ya,za)와 점(xb,yb,zb)를 잇는 선분 n개 출력
pause(0.02)
% 0.02초 일시 정지
end
```

옥타브를 이용하여 스트링아트를 해보자

## 그래프 결과

## 스트링아트 큐브

3차원 큐브에 대한 스트링아트 코드를 작성해보자.

코드명: Cube.m

```
clear; clf; hold on
n=31;
t=linspace(0,1,n);
x=[0 1 1 0 0 1 1 0];
y=[0 0 1 1 0 0 1 1];
z=[0 0 0 0 1 1 1 1];
plot3(x,y,z,'o','linewidth',3);
axis image off
view(120,30)
pp=[1 2 3 4 5 1 4 8 1 5 6 2 3 4 8 7 2 3 7 ...
6 6 7 8 5];
qq=[2 3 4 1 1 4 8 5 5 6 2 1 4 8 7 3 3 7 6 ...
2 7 8 5 6];
rr=[3 4 1 2 4 8 5 1 6 2 1 5 8 7 3 4 7 6 2 ...
3 8 5 6 7];
for k=1:24
```

```
p=pp(k); q=qq(k); r=rr(k);
x1=x(p)+(x(q)-x(p))*t;
y1=y(p)+(y(q)-y(p))*t;
z1=z(p)+(z(q)-z(p))*t;
x2=x(q)+(x(r)-x(q))*t;
y2=y(q)+(y(r)-y(q))*t;
z2=z(q)+(z(r)-z(q))*t;
for i=1:n
plot3([x1(i) x2(i)],[y1(i) y2(i)], ...
[z1(i) z2(i)],'k','linewidth',1)
pause(0.02)
end
end
```

### 코드설명

```
clear; clf; hold on
% 메모리 및 그림 초기화, 그림 잡아두기
n=31;
% 점의 개수 정의
t=linspace(0,1,n);
```

```
% 0에서 1까지 n개의 점으로 등분
x=[0 1 1 0 0 1 1 0];
y=[0 0 1 1 0 0 1 1];
z=[0 0 0 0 1 1 1 1];
plot3(x,y,z,'o','linewidth',3);
% 각 변의 길이가 1인 정육면체의 꼭짓점을 출력
axis image off
% 그림의 비율 맞추고 축 표시하지 않기
view(120,30)
% 그래프를 수평방향으로 120°, 수직방향으로 30°의 각
도로 보여줌.
pp=[1 2 3 4 5 1 4 8 1 5 6 2 3 4 8 7 2 3 7 ...
6 6 7 8 5];
qq=[2 3 4 1 1 4 8 5 5 6 2 1 4 8 7 3 3 7 6 ...
2 7 8 5 6];
rr=[3 4 1 2 4 8 5 1 6 2 1 5 8 7 3 4 7 6 2 ...
3 8 5 6 7];
% 연결할 두 변의 순서를 벡터로 정의
for k=1:24
p=pp(k); q=qq(k); r=rr(k);
x1=x(p)+(x(q)-x(p))*t;
```

```
y1=y(p)+(y(q)-y(p))*t;
z1=z(p)+(z(q)-z(p))*t;
x2=x(q)+(x(r)-x(q))*t;
y2=y(q)+(y(r)-y(q))*t;
z2=z(q)+(z(r)-z(q))*t;
% 연결할 두 점의 좌표를 정의
for i=1:n
plot3([x1(i) x2(i)],[y1(i) y2(i)], ...
[z1(i) z2(i)],'k','linewidth',1)
% 점(x1,y1,z1)와 점(x2,y2,z2)를 잇는 선분 $n$개 출력
pause(0.02)
% 0.02초 일시 정지
end
end
```

그래프 결과

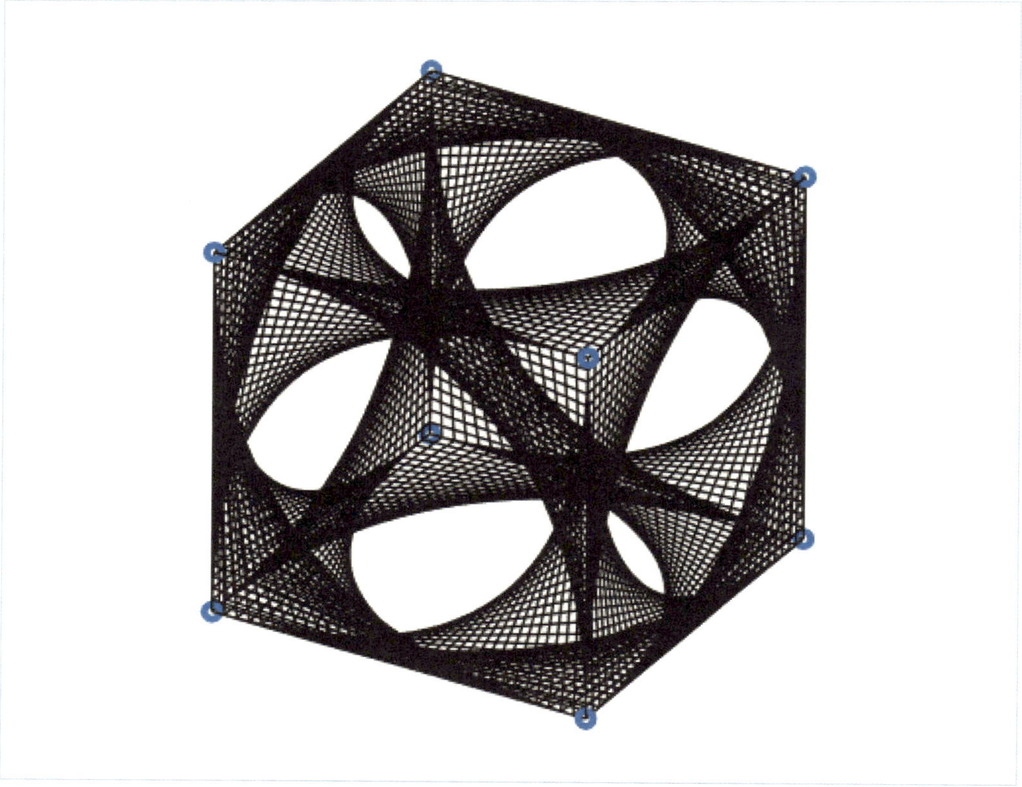

## 스트링아트 쥴리앙 뎃생

쥴리앙 뎃생에 대한 스트링아트 코드를 작성해보자. 색의 밝고 어두운 것에 따른 값의 변화를 실의 길이로 표현해보자.

출처: 고요한 한탄강님 블로그
http://m.blog.daum.net/_blog/_m/articleView.do?blogid=0SskZ&articleno=19

코드명: Julien.m

```matlab
clear; clf; hold on
A=double(imread('Juli.jpg'));
A=255-A;
N=size(A);
view(73,87)
axis image off
axis([1 N(1) 1 N(2) 0 300])
for i=1:3:N(1)
for j=1:3:N(2)
plot3([i i],[j j], ...
[0 A(i,j)],'k-','linewidth',1);
end
pause(0.01)
end
```

코드설명

```matlab
clear; clf; hold on
% 메모리 및 그림 초기화, 그림 잡아두기
A=double(imread('Juli.jpg'));
```

% 'Juli.jpg' 라는 이미지 파일을 읽어서 행렬 A에 정의

A=255-A;

% 행렬 A의 각 원소를 255에서 빼줌. 각 원소의 최대값은 255가 된다.

N=size(A);

% 행렬 A의 크기를 N에 벡터형태로 저장

view(73,89)

% 그래프를 수평방향으로 $79°$, 수직방향으로 $89°$의 각도로 보여줌.

axis image off

% 그림의 비율 맞추고 축 표시하지 않기

axis([1 N(1) 1 N(2) 0 300])

% 보고 싶은 구간으로 좌표축을 변경. $x$축은 1부터 N(1)까지, $y$축은 1부터 N(2)까지, $z$축은 0부터 300까지 보여줌.

for i=1:3:N(1)

for j=1:3:N(2)

plot3([i i],[j j], ...

[0 A(i,j)],'k-','linewidth',1);

% 점(i,j,0)과 점(i,j,A(i,j))를 잇는 선분을 출력

end

```
    pause(0.01)
    % 0.01초 일시 정지
end
```

그래프 결과

## [참고 문헌]

[1] 위키백과, https://en.wikipedia.org/wiki/String_art

[2] [플로우수학교구] 스트링아트 만들기